Santo Armenia

# Archimede

Riflessioni sul principio dei corpi galleggianti
La forma dei corpi solidi

*Prefazione di*
Carmelo Vindigni



1

*Alla mia famiglia: a mia figlia Gabriella, a mio figlio Pietro, alla mia piccola Marta, i quali dopo le feste natalizie sono ritornati a Pisa per gli studi e, in particolare, a mia moglie Marinella che rimasta sola ha dovuto sopportare l'esuberanza dei miei pensieri nel sentire le stranezze delle mie conclusioni.*

*A Carmelo Vindigni.*

*Con Archimede sono andato indietro di oltre due millenni.*

*Oggi, 25 gennaio 2018, leggendo Leonardo da Vinci ho constatato in una sua riflessione (sul volo) che Lui concepiva il principio di azione e reazione, ed altro, circa due secoli prima di Galilei e Newton. ... Ma*

# Indice

# Prefazione

## di CARMELO VINDIGNI[1]

E il viaggio continua.

La verità è che tutti quelli che entrano a far parte della nostra vita, che sia per un minuto o per dieci anni, ci cambiano. Non cambiano la nostra vita, ma cambiano profondamente il nostro animo. Siamo vulnerabili.

Capita non di rado di domandarsi se nel tempo qualcosa in noi sia cambiato. A me è capitato. Nell'arco della mia vita ho incontrato un sacco di persone e di qualcuna sono diventato veramente amico. Chi ha passato con noi il periodo dell'infanzia e dell'adolescenza occupa un posto speciale. Tu Santino, già amico d'infanzia, ora sei anche speciale.

Quante passeggiate e camminate abbiamo fatto assieme.

Quante discussioni di filosofia, di storia, di letteratura, di fisica e altro.

Quanti confronti. Quanti dubbi.

Dubbi che hanno fatto traballare tante certezze.

Immanuel Kant alla domanda che cos'è l'illuminismo rispose: "l'illuminismo è l'uscita dell'uomo dallo stato di minorità che egli deve imputare a se stesso. Minorità è l'incapacità di valersi del proprio intelletto senza la guida di un altro".

Sàpere aude. Avere il coraggio di servirsi della propria intelligenza. Pensare con la propria testa, essere liberi.

---

1    Laureato in medicina e chirurgia presso l'Università di Catania il 30/10/1978

con specializzazione in Igiene-Medicina Preventiva e Sanità Pubblica; Omotossicologia e Medicine Integrate.

Senza dar retta agli occhi, perché gli occhi guardano solo, si vede con l'intelletto e si riscopre quello che si conosce già.

Si impara a volare.

Tutti i grandi pensieri sono concepiti mentre si cammina e chi segue il campo della verità non inciampa.

Misteriosi eventi sincronici sembrano controllare la vita di ognuno di noi.

Improvvisamente un evento accade in perfetto sincronismo con un pensiero, e l'evento stesso racchiude un significato profondo il cui scopo è quello di guidare la nostra vita verso il proprio destino.

La visione olistica impone un modello filosofico secondo cui le priorità di un dato sistema non possono essere determinate dalla somma dei suoi componenti, bensì è il sistema generale che determina il comportamento delle parti. Il paradigma che ha determinato la Scienza negli ultimi secoli è un paradigma essenzialmente dicotomico, la cui base filosofica risiede nella divisione cartesiana tra scienza e coscienza, tra materia e spirito.

A questo paradigma di divisione si deve rispondere con una visione unitaria, fondata sulla comprensione dell'intero, del tutto.

La visione olistica ridà un'anima alla scienza e alla cultura.

Quante volte, durante le nostre passeggiate, confrontandoci, discutendo e con il solo ausilio della splendida maieutica sono state portate gradualmente alla luce approfondimenti per poter superare scontate convinzioni.

Più volte al grido di Epifania Eureka Eureka hai consolidato il tuo cammino.

Si deve forse pensare che "cereum habet nasum, id est in diversum potest flecti sensum" (ha un naso di cera che può essere torto a proprio piacimento)?

Con sicumera umiltà, senza ostentazione sei salito sulle spalle dei giganti così da poter vedere un maggior numero di cose e più lontano.

*Come in Alto, così in Basso.*

Le tue riflessioni sono orpelli e fronzoli superflui, oppure gemme?

Sono solo riflessioni o Scoperta?

Alla Scienza e ai posteri l'ardua sentenza.

Buon viaggio Santaccio. Il tuo viaggio non soltanto allarga la mente: le dà *forma.* Naviga, Itaca è ancora lontana.

# Introduzione

*O voi ch'avete li 'ntelletti sani,  mirate lo splendor della natura*

A=A

In natura-universo, di cui anche l'uomo è una parte, l'identità non sussiste: è divenire.

A tende ad allontanarsi da B che è il vecchio A. …

A era il futuro di B.

A tende a C che è il nuovo A. … A sarà il passato di C.

Il presente è il futuro del passato.

Il presente sarà il passato del futuro.

L'uomo nella sua mente può creare e concepire l'identità per la natura-universo, ma limitatamente ad una sua parte e solo come modello teorico.

L'uomo può creare e concepire nella sua mente l'identità come sistemi-entità che però non appartengono alla natura-universo: una per tutti la geometria.

Il punto, la retta e il piano sono gli enti fondamentali della geometria Euclidea. Tali enti e tutto quello che ne scaturisce non appartengono alla natura-universo.

La relativa materializzazione, che fa parte della natura-universo, costituisce l'approssimazione di tale sistema-entità mentale.

Il punto materiale, il segmento, le figure piane e spaziali, i corpi e i movimenti rigidi, i moti perpetui, e quant'altro, non esistono nella natura-universo: tutte queste entità appartengono ai modelli teorici che l'uomo crea e concepisce mentalmente.

In natura-universo, un essere è solo esso ma nel presente che passa.

In natura-universo, un essere che è esso nel presente tende ad un altro essere che sarà nel futuro.

Il mio precedente lavoro, espressamente richiamato in questo volume, è:

# GALILEI E EINSTEIN

### Riflessioni sulla teoria della relatività generale

### La caduta libera dei gravi

### La forma dei corpi solidi

Nel mio precedente lavoro, ho trattato il principio di Archimede in merito ai corpi galleggianti evidenziando che è corretto confrontare la spinta di Archimede con il peso del corpo. Non è corretto, invece, confrontare la densità del fluido con la densità del corpo.

All'epoca della stesura di tale lavoro avevo già maturato il convincimento che non fosse corretta la classificazione di "equilibrio indifferente" riportata da alcuni libri di testo di Fisica.

Al fine di non inserire altre tematiche nel mio precedente lavoro, ho scelto di non manifestare in quella sede le discrasie esistenti tra tanti libri di testo.

Durante questi mesi la mia ricerca è continuata fino alla visione organica di tutto il fenomeno fisico del galleggiamento – affondamento studiato da Archimede, nonché da Tartaglia e da Giovan Battista Hodierna.

Questo lavoro non è lo studio storico del principio di Archimede sui corpi galleggianti.

Gli esperimenti riferiti sono visionabili con youtube: armenia santo o tramite il mio sito www.armeniasanto.it

# Capitolo I   Evoluzione

*Mutatis mutandis*

Mauro, la circostanza dell'uguaglianza tra il peso del corpo e la spinta di Archimede, dai libri di testo non viene trattata allo stesso modo. Alcuni, addirittura, questa circostanza non la trattano affatto.

Mauro il mio convincimento è che tale stato, uguaglianza tra il peso del corpo e la spinta di Archimede, costituisce equilibrio stabile.

Mauro, non vedo perché questa posizione di equilibrio (peso corpo uguale spinta di Archimede), in base alla quale nessuna parte della superficie del corpo emergerà dal liquido, caso specificatamente trattato da Archimede, debba essere la sola possibile.

*... Zio, non ti seguo più, sono stanco: ... basta.*

*... Mauro ... va bene ... io potrei continuare per giornate intere.*

*... Va bene, ... basta.*

*... Mauro ti lascio in pace. ...*

*... Eureka Eureka ... Come in cielo così in acqua.*

Dopo aver maturato l'analisi particolare dell'equilibrio del peso del corpo con la spinta di Archimede, che è sintetizzabile in *"Come in cielo così in acqua"*, la mia ricerca è continuata fino alla visione organica di tutto lo studio di Archimede sul fenomeno fisico del galleggiamento – affondamento.

# Capitolo II    Ricerca bibliografica

*So di non Sapere*

Tale ricerca bibliografica ha interessato:
- vari dizionari della lingua italiana;
- varie fonti di traduzione riportanti gli studi di Archimede;
- vari testi universitari di fisica generale;
- vari testi di fisica per istituti e licei.

## 2.1 Dizionari

1° Dizionario

FERNANDO PALAZZI  casa editrice CESCHINA 1939
- affondare: mandare a fondo, sommergere;
- galleggiare: stare a galla, lo star sospeso in aria di un aerostato, senza salire né scendere; N. emergere, stare a fior d'acqua;

2° Dizionario

F. SABATINI e V. COLETTI    GIUNTI gruppo Editoriale 1999
- affondare: mandare qualcosa a fondo nell'acqua, inabissare;
- galleggiare: stare a galla, essere solo parzialmente immerso in un liquido, essere come sospeso nell'aria;

3° Dizionario

Lo ZINCARELLI ZANICHELLI editore 2003
- affondare: mandare a fondo, inabissare, sommergere;

- galleggiare: essere parzialmente immerso in un fluido, stare sospeso nell'aria senza salire né scendere, l'aerostato galleggia nell'aria;

4° Dizionario

ALDO GABRIELLI  ULRICO HOEPLI Editore s.p.a. 2008
- affondare: mandare a fondo, sommergere;
- galleggiare: stare a galla, mantenersi sulla superficie di fluido essendovi parzialmente immerso, rimanere sospeso in aria;

5° Dizionario

- affondare: mandare a fondo, sommergere: *affondare* una nave, un'ancora, un galleggiante. b. Immergere, far penetrare;
- galleggiare: stare a galla, mantenersi, o avere la capacità di mantenersi, alla superficie di un liquido, di una massa d'acqua: quella cosa maggiormente *galleggia* sopra l'acqua; riferito a un aerostato, stare sospeso nell'aria senza salire né scendere.

## 2.2 Traduzione fonti

1° Traduzione

Mario Gliozzi    - STORIA DELLA FISICA -    Bollati Boringhieri editore   2005
pag. 23 "Un corpo solido che ha eguale peso ed eguale volume di un liquido, immerso nel liquido, s'immergerà in esso in modo che nessuna parte della sua superficie emergerà dal liquido, né esso si abbasserà ulteriormente."

2° Traduzione

Mario Pavone  - La vita e le opere di Giovan Battista Hodierna - Didattica Libri Eirene Editrice  Ragusa
pag. 192   Proposizione 3° "Le grandezze solide, che avendo egual mole hanno egual gravità del liquido, poste nel liquido totalmente s'immergono, che niente resta fuori della superficie del liquido, ma non però vanno a fondo."

3° Traduzione

Quaderni di Scienze Umane e Filosofia Naturale
Archimede - Sui corpi galleggianti in libro I –
a cura di Heinrich F. Fleck
pag. 35 Proposizione III "Corpi solidi dello stesso peso del fluido, se immersi in questo, s'immergeranno senza discendere in alcuna loro parte sotto la superficie del fluido, né precipiteranno sul fondo."

## 2.3 Testi universitari

1° Testo

P. Mazzoldi – M. Nigro – C. Voci      Fisica vol. I
Meccanica – Termodinamica      Edises Edizioni
pag. 242 Fluido. Confronta le due densità (corpo e fluido):
a) se densità corpo > densità fluido allora il corpo scende (affonda);
b) se densità corpo < densità fluido allora il corpo sale (galleggia);
c) non viene trattato se densità corpo = densità fluido.

2° Testo

FISICA – Test di verifica – UNIC
pag. 88 Fluido. Confronta le due densità (corpo e fluido):
a) se densità corpo > densità fluido allora il corpo affonda;
b) se densità corpo < densità fluido allora il corpo galleggia;

c) se densità corpo = densità fluido il corpo è in equilibrio indifferente.

3° Testo

D. Halliday – R. Resnick – J. Walker
Fondamenti di Fisica   4° Edizione   Casa Editrice Ambrosiana   2002
pag. 327 Fluido. Confronta le due forze, peso e spinta:
a) se peso corpo > spinta fluido allora il corpo affonda;
b) se peso corpo < spinta fluido allora il corpo galleggia;
c) non viene trattato se peso corpo = spinta fluido.

## 2.4 Testi istituti e licei

1° Testo

Q. Bellini – V. Ronchi
Fisica per i licei scientifici  vol. I Meccanica
C. E. Giunti  BEMPORAD MARZOCCO   1960
pag. 203 Liquido. Confronta le due forze, peso e spinta:
a) se peso corpo > spinta liquido allora il corpo affonda;
b) se peso corpo < spinta liquido allora il corpo galleggia;
c) se peso corpo = spinta liquido il solido rimane in equilibrio, sospeso in seno alla massa liquida in qualsiasi posizione si trovi .

2° Testo

Mario Davoli    Fisica per gli istituti magistrali
                Edizione CEDAM – PADOVA  1978
pag. 145 Liquido. Confronta le due forze, peso e spinta:
a) se peso corpo > spinta liquido allora il corpo affonda;
b) se peso corpo < spinta liquido allora il corpo galleggia;
c) se peso corpo = spinta liquido il corpo si trova in equilibrio indifferente.
Dopo confronta anche i due pesi specifici.

3° Testo

Sergio Fabbri – Mara Masini     Fisica percorsi attivi
                Società Editrice Internazionale Torino   2008
pag. 100 Fluido. Confronta le due densità (corpo e fluido):
a) se densità corpo $\leq$ densità fluido allora condizione galleggiamento.

4° Testo

Giuseppe Ruffo     Fisica – Lezioni e problemi –
        Scienze     ZANICHELLI EDITORE S.P.A.     2008
pag. 71 Liquido. Confronta le due densità (corpo e liquido):
a) se densità corpo > densità liquido allora il corpo affonda;
b) se densità corpo < densità liquido allora il corpo galleggia.

5° Testo

Cristina Maestri – Camilla Pico     Fisica su misura
                TRAMONTANA 2018
pag. 69 Liquido. Confronta le due densità (corpo e liquido):
a) se densità corpo > densità liquido allora il corpo affonda;
b) se densità corpo < densità liquido allora il corpo galleggia;
c) se densità corpo = densità liquido il corpo si trova in equilibrio.

6° Testo

Antonia Poli – Agostino Fiorello     Elementi di Fisica
                ETAS   2010
pag. 127 Fluido. Confronta le due forze, peso e spinta:
a) se peso corpo > spinta fluido allora il corpo affonda;

b) se peso corpo < spinta fluido allora il corpo sale in superficie;
c) se peso corpo = spinta fluido il corpo galleggia e si trova in equilibrio indifferente.
Dopo confronta anche i due pesi specifici.

7° Testo

Antonio Caforio – Aldo Ferilli          PHYSICA edizione 2000
                                                        Le Monnier
pag. 340-342 Fluido. Confronta le due forze, peso e spinta:
a) se peso corpo > spinta fluido allora il corpo affonda;
b) se peso corpo < spinta fluido allora il corpo galleggia;
c) se peso corpo=spinta fluido il corpo è in equilibrio in ogni posizione.
Dopo confronta anche i due pesi specifici.

# Capitolo III    Analisi bibliografica e testuale

*Dobbiamo imitare le api*

## 3.1 Riformulazione del dizionario

Dall'analisi dei vari dizionari consultati risulta che il significato del verbo affondare, con specifico riferimento al fenomeno fisico, è univoco: mandare a fondo. Pertanto un corpo è affondato quando tocca il fondo del liquido considerato.

Dall'analisi dei vari dizionari consultati risulta che il significato del verbo galleggiare, con specifico riferimento al fenomeno fisico, invece, non è univoco ma è contraddittorio, comprendente anche lo star sospeso in aria.

Dallo studio del fenomeno fisico del galleggiamento – affondamento, con riferimento all'aria e all'acqua, la posizione di un corpo può essere:

a) in aria;
b) sulla superficie terrestre o a pelo libero del liquido;
c) parzialmente al di sotto della superficie libera del liquido, con la parte rimanente in aria;
d) totalmente al di sotto della superficie libera del liquido;
e) sul fondo del liquido con parte in acqua e parte in aria;
f) sul fondo del liquido ed interamente immerso.

Nel caso della posizione a) – in aria – il corpo può univocamente dirsi *sospeso in aria*.

Nel caso della posizione b) – sulla superficie terrestre o a pelo libero del liquido – la descrizione è questa stessa.

Nel caso della posizione c) – parzialmente al di sotto della superficie libera del liquido, con la parte rimanente in aria – il corpo può univocamente dirsi *galleggiante*.

Nel caso della posizione d) – totalmente al di sotto della superficie libera del liquido – il corpo può univocamente dirsi *sospeso in acqua* (ciò dal punto di vista statico) o *immerso* (ciò dal punto di vista dinamico: corpo in movimento interamente al di sotto della superficie libera del liquido.

Nel caso della posizione e) – sul fondo del liquido con parte in acqua e parte in aria – il corpo può univocamente dirsi *parzialmente affondato*.

Nel caso della posizione f) – sul fondo del liquido ed interamente immerso – il corpo può univocamente dirsi *affondato*.

Per completezza faccio notare che il caso della posizione e) – sul fondo del liquido con parte in acqua e parte in aria – è stato fisico diverso dall'incaglio il quale si verifica per acque meno profonde dell'immersione del corpo galleggiante stesso: il disincaglio si può ottenere anche con il solo spostamento di pesi.

## 3.2 Analisi traduzioni fonti

Le fonti consultate, in modo univoco, *proposizione III*, mostrano che "*Un corpo solido che ha eguale peso ed eguale volume di un liquido, immerso nel liquido, s'immergerà in esso in modo che nessuna parte della sua superficie emergerà dal liquido, né esso si abbasserà ulteriormente.*"

Dall'approfondimento di tale terza proposizione, nonché delle altre, non vedo come possa attribuirsi ad Archimede la definizione di peso specifico, dal cui confronto ne scaturisce un'analisi non corretta ed incompleta come di seguito mostrerò. Se gli storici, invece, ritengono di dover attribuire ad Archimede la definizione di peso specifico, allora ne segue che il suo studio è non corretto ed incompleto.

Inoltre, il tenore di detta terza proposizione evidenzia che lo stato di equilibrio è stabile, giammai indifferente come vorrebbe la fisica odierna.

Dal mio punto di vista, oltre a questa unica posizione di equilibrio stabile prevista da Archimede, ne esistono infinite altre, ottenute con un corpo di peso sempre più crescente  che si troverà man mano in condizioni di equilibrio con la spinta di Archimede a profondità sempre maggiori.

In base alle mie riflessioni, la terza proposizione dei corpi galleggianti di Archimede, pertanto, costituisce uno studio incompleto, proprio perché tale proposizione nulla dice sulle altre possibili infinite posizioni di equilibrio stabile, tutte a quota inferiore rispetto alla prima ed unica prevista.

Come esistono infinite posizioni di equilibrio stabile in cielo (aria), allo stesso modo esistono infinite posizioni di equilibrio stabile in acqua: *come in cielo così in acqua*.

In dettaglio il mio ragionamento è il seguente.

a) Considero un palloncino posto in aria

1° fase – Palloncino aperto a pressione atmosferica.
Il palloncino è posto sopra una bilancia sulla superficie terrestre, quindi in aria: la bilancia misurerà un certo peso.

2° fase – Palloncino chiuso, man mano gonfiato con gas (aeriforme) avente densità (misurata in modo corretto con le indicazioni date in seguito) minore rispetto a quella dell'aria.
La bilancia darà una misura del peso del palloncino sempre minore, perché man mano aumenterà la spinta di Archimede. Nel caso limite di misura del peso del palloncino zero, da parte della bilancia, si ha la prima

posizione di equilibrio stabile, per la quale il peso del palloncino è uguale alla spinta di Archimede.

Continuando ad intermittenza la gonfiatura, il palloncino rimarrà sospeso in aria in ogni nuova posizione, sempre più in alto, in ognuna della quale il nuovo peso del palloncino è uguale alla nuova spinta di Archimede: ci sono infinite posizioni di equilibrio stabile.

b) Considero un cassero metallico posto in acqua

1° fase – Cassero metallico lasciato libero in acqua, la cui profondità è maggiore dell'altezza del cassero. Il cassero galleggia in acqua; pertanto esso si trova parte in acqua e con la parte rimanente in aria.

2° fase – Il cassero viene man mano, ad intermittenza, riempito d'acqua; pertanto esso sarà sempre più con la parte in acqua e sempre meno con la parte in aria. Si ha la prima posizione di equilibrio stabile, per la quale il peso del cassero è uguale alla spinta di Archimede, quando esso è interamente al di sotto della superficie libera dell'acqua e nessuna sua parte è in aria: cassero sospeso in acqua. Continuando a riempire ad intermittenza il cassero, esso si abbasserà sempre più e rimarrà sospeso in acqua in ogni nuova posizione, in ognuna della quale il nuovo peso del cassero è uguale alla nuova spinta di Archimede: abbiamo infinite posizioni di equilibrio stabile, l'ultima delle quali è quella che si ha non appena il cassero, nella sua parte più bassa, tocca il fondo dell'acqua.

## 3.3 Analisi libri di testo

Dall'analisi dei libri di testo (universitari, istituti e licei) emerge una profonda carenza didattica come di seguito evidenziato.

a) Non tutti i libri trattano lo stato di equilibrio tra il peso del corpo e la spinta di Archimede.

b) Quei libri di testo che pur trattando lo stato di equilibrio tra il peso del corpo e la spinta di Archimede, quando fanno cambiare in modo arbitrario la posizione del corpo, asseriscono che la nuova posizione rimane di equilibrio e quindi indifferente, senza aver dimostrato che il peso del corpo e la spinta di Archimede restano immutati. Il cambio di posizione arbitrario viene fatto mediante una causa esterna con la quale il corpo viene portato in una qualsiasi altra posizione più in basso: al cessare della causa esterna il corpo rimane in quella posizione.

Il mio convincimento, invece, è che al cessare della causa esterna il corpo ritorna nella sua posizione di equilibrio "stabile" iniziale.

c) In modo anacronistico, alcuni libri, pur se d'epoca recente, richiamano il peso specifico e non più la densità.

Dal mio punto di vista, in visione approssimativa, è accettabile l'uso del peso specifico e non già quello della densità. Pertanto, l'uso altalenante tra il peso specifico variabile e la densità costante è una contraddizione didattica.

Come ho evidenziato nel mio precedente lavoro, le condizioni di galleggiamento, equilibrio ed affondamento vanno eseguite con riferimento al peso del corpo e alla spinta di Archimede. Si potranno confrontare i pesi specifici o le densità, del liquido o aeriforme e dei corpi, solo quando essi saranno determinati in modo corretto con le indicazioni date di seguito.

Eseguire il confronto tra la densità del corpo e la densità del fluido, allo stato attuale, non è corretto perché:

1) se il corpo non ha una delle tre forme "regolari" (sfera, poliedro regolare, cilindro equilatero), al variare della posizione del corpo immerso, il peso del corpo varia;

pertanto pur nell'ipotesi di uguaglianza tra le due densità, a seconda della forma e posizione del corpo può manifestarsi che il peso del corpo  possa essere maggiore o minore della spinta di Archimede e, invece, non uguali come;
2) la densità del corpo è errata se è stata determinata con la bilancia idrostatica, senza realizzare un campione di quel corpo in una delle tre forme "regolari" (sfera, poliedro regolare, cilindro equilatero).

Inoltre, faccio notare che:

a) pur se in presenza di una  delle tre forme "regolari" (sfera, poliedro regolare, cilindro equilatero), tali corpi realizzati dall'uomo non possono avere nè  tale forma regolare e nè la densità uniforme; *la natura (acqua) è sensibile a queste imperfezioni*;
b) i corpi aventi forma "regolare" di poliedro regolare o cilindro equilatero, quando posti in acqua dall'uomo, non saranno perfettamente in posizione verticale; *la natura (acqua) è sensibile a queste imperfezioni.*

## 3.4 Conclusioni

Il principio di Archimede, così come oggi comunemente riportato, "Un corpo immerso in un liquido o in un aeriforme riceve una spinta diretta dal basso verso l'alto uguale al peso del volume del liquido o aeriforme spostato", per non aver considerato l'effetto forma, non è corretto.
Non spetta a me stabilire se questo errore, da sempre, è insito negli studi di Archimede.
Per me la formulazione corretta, dovendo necessariamente considerare l'effetto forma è:

*"Un corpo immerso in un liquido o in un aeriforme riceve una spinta diretta dal basso verso l'alto uguale al peso del liquido o aeriforme spostato, avente quella stessa*

*forma del corpo, calcolato nella posizione occupata dal corpo stesso"*.

Allo stesso modo, le proposizioni di Tartaglia e di Giovan Battista Hodierna in merito ai corpi galleggianti, non considerando l'effetto forma, non sono corrette.

# Capitolo IV   Galleggiamento – affondamento

*Platone è mio Amico, ma mi è più amica la Verità*


Nello spirito del mio precedente lavoro, lo studio è condotto in visione approssimativa.

Considero separatamente lo stato aeriforme e lo stato liquido, proprio perché diverso è il comportamento tra l'aeriforme e il liquido.

Per univocità richiamo la seguente definizione vigente in riferimento alla didattica accademica:

- *Peso di un corpo sulla terra*. Il peso di un corpo sulla terra è la forza di attrazione gravitazionale che la terra esercita nei confronti del corpo considerato, posto in una data posizione.

Pertanto, a prescindere che oggi per la didattica accademica con la bilancia si misura la massa, io preciso:

- *Misura del peso con bilancia*. La misura del peso con bilancia coincide con il peso del corpo in quella posizione (forza di attrazione), solo se sul corpo non agiscono altre forze.

## 4.1 Aeriforme

### 4.1.1 *Atmosfera terrestre*

Considero un palloncino, richiamando quanto già in precedenza analizzato si ha:

1° fase – Palloncino aperto a pressione atmosferica.

Il palloncino è posto sopra una bilancia sulla superficie terrestre: la bilancia misurerà un certo peso. Tale misura non è il peso del palloncino perché ad esso è applicata anche la spinta di Archimede.

2° fase – Palloncino chiuso

Palloncino chiuso, man mano gonfiato con gas (aeriforme) avente densità (misurata in modo corretto con le indicazioni date in seguito) minore rispetto a quella dell'aria.

Il peso del palloncino aumenterà. La bilancia darà una misura del peso del palloncino sempre minore, perché man mano aumenterà sempre più la spinta di Archimede. Nel caso limite di misura con bilancia del peso del palloncino zero, si ha la prima posizione di equilibrio stabile, per la quale il peso del palloncino è uguale alla spinta di Archimede.

Continuando ad intermittenza la gonfiatura, il palloncino rimarrà sospeso in aria in ogni nuova posizione, sempre più in alto, in ognuna della quale il nuovo peso del palloncino è uguale alla nuova spinta di Archimede: abbiamo infinite posizioni di equilibrio stabile.

Gli specialisti potranno cimentarsi nel calcolo analitico del peso del palloncino e della spinta di Archimede nelle varie posizioni.

Per me la formulazione corretta del principio di Archimede, dovendo necessariamente considerare l'effetto forma è:

*"Un corpo immerso in un aeriforme riceve una spinta diretta dal basso verso l'alto uguale al peso dell'aeriforme spostato, avente quella stessa forma del corpo, calcolato nella posizione occupata dal corpo stesso".*

4.1.2.a *all'interno di un recipiente a tenuta stagna con depressione*

Considero un palloncino

1° fase – Palloncino aperto

Il palloncino è posto sopra una bilancia all'interno del recipiente sulla superficie terrestre: la bilancia misurerà un certo peso. Tale misura non è il peso del palloncino perché ad esso è applicata anche la spinta di Archimede.

2° fase – Palloncino chiuso

Palloncino chiuso, man mano gonfiato con gas (aeriforme) avente densità (misurata in modo corretto con le indicazioni date in seguito) minore rispetto a quella dell'aria in depressione. Tale depressione tende a diminuire, perché l'aumento del volume del palloncino comporta una compressione all'interno del recipiente.

La bilancia darà una misura del peso del palloncino sempre minore, perché man mano aumenterà la spinta di Archimede. Nel caso limite di misura con bilancia del peso del palloncino zero, si ha la prima posizione di equilibrio stabile, per la quale il peso del palloncino è uguale alla spinta di Archimede.

Continuando ad intermittenza la gonfiatura, il palloncino rimarrà sospeso in aria in ogni nuova posizione, sempre più in alto, in ognuna della quale il nuovo peso del palloncino è uguale alla nuova spinta di Archimede: abbiamo infinite posizioni di equilibrio stabile. L'ultima posizione è quella che si ha quando il palloncino tocca il soffitto del recipiente.

Gli specialisti potranno cimentarsi nel calcolo analitico del peso del palloncino e della spinta di Archimede nelle varie posizioni.

Per me la formulazione corretta del principio di Archimede, dovendo necessariamente considerare l'effetto forma è:

*"Un corpo immerso in un aeriforme riceve una spinta diretta dal basso verso l'alto uguale al peso dell'aeriforme spostato, avente quella stessa forma del corpo, calcolato nella posizione occupata dal corpo stesso".*

**4.1.2.b** *all'interno di un recipiente a tenuta stagna con soprapressione*

Considero un palloncino

**1° fase – Palloncino aperto**

Il palloncino è posto sopra una bilancia all'interno del recipiente sulla superficie terrestre: la bilancia misurerà un certo peso. Tale misura non è il peso del palloncino perché ad esso è applicata anche la spinta di Archimede.

**2° fase – Palloncino chiuso**

Palloncino chiuso, man mano gonfiato con gas (aeriforme) avente densità (misurata in modo corretto con le indicazioni date in seguito) minore rispetto a quella dell'aria in soprapressione. Tale soprapressione tende ad aumentare, perché l'aumento del volume del palloncino comporta una compressione all'interno del recipiente.

La bilancia darà una misura del peso del palloncino sempre minore, perché man mano aumenterà la spinta di Archimede. Nel caso limite di misura con bilancia del peso del palloncino zero, si ha la prima posizione di equilibrio stabile, per la quale il peso del palloncino è uguale alla spinta di Archimede.

Continuando ad intermittenza la gonfiatura, il palloncino rimarrà sospeso in aria in ogni nuova posizione, sempre più in alto, in ognuna della quale il nuovo peso del palloncino è uguale alla nuova spinta di Archimede: abbiamo infinite posizioni di equilibrio stabile. L'ultima posizione è quella che si ha quando il palloncino tocca il soffitto del recipiente.

Gli specialisti potranno cimentarsi nel calcolo analitico del peso del palloncino e della spinta di Archimede nelle varie posizioni.

Per me la formulazione corretta del principio di Archimede, dovendo necessariamente considerare l'effetto forma è:
"

*Un corpo immerso in un aeriforme riceve una spinta diretta dal basso verso l'alto uguale al peso dell'aeriforme spostato, avente quella stessa forma del corpo, calcolato nella posizione occupata dal corpo stesso".*

## 4.2 Liquido

4.2.1 *mare aperto*

Considero un cassero metallico, richiamando quanto già in precedenza analizzato si ha:

1° fase Caso A

Cassero metallico lasciato libero in acqua, la cui profondità è minore dell'altezza del cassero, tale da non consentire il galleggiamento. Il cassero, toccando il fondo, è parzialmente affondato; pertanto esso si trova parte in acqua e con la parte rimanente in aria.

Per me la formulazione corretta del principio di Archimede, dovendo necessariamente considerare l'effetto forma è:
"

*Un corpo immerso in un liquido, nella fase di affondamento parziale, riceve contemporaneamente due spinte, la prima spinta diretta dal basso verso l'alto uguale al peso del liquido spostato, avente quella stessa forma del corpo per la parte immersa, calcolato nella posizione occupata dalla parte del corpo stesso immerso, la seconda spinta diretta sempre dal basso verso l'alto uguale al peso dell'aeriforme spostato, avente quella stessa forma del corpo per la parte in aria, calcolato nella posizione occupata dalla parte del corpo stesso in aria"*.

1° fase Caso B

Cassero metallico lasciato libero in acqua, la cui profondità è maggiore dell'altezza del cassero. Il cassero galleggia in acqua; pertanto esso si trova parte in acqua e con la parte rimanente in aria.

Per me la formulazione corretta del principio di Archimede, dovendo necessariamente considerare l'effetto forma è:

*"Un corpo immerso in un liquido, nella fase di galleggiamento, riceve contemporaneamente due spinte, la prima spinta diretta dal basso verso l'alto uguale al peso del liquido spostato, avente quella stessa forma del corpo per la parte immersa, calcolato nella posizione occupata dalla parte del corpo stesso immerso, la seconda spinta diretta sempre dal basso verso l'alto uguale al peso dell'aeriforme spostato, avente quella stessa forma del corpo per la parte in aria, calcolato nella posizione occupata dalla parte del corpo stesso in aria"*.

2° fase Caso A

Il cassero viene man mano, ad intermittenza, riempito d'acqua; esso continua sempre ad essere parzialmente affondato.

Per me la formulazione corretta del principio di Archimede, dovendo necessariamente considerare l'effetto forma è:

*"Un corpo immerso in un liquido, nella fase di affondamento parziale, riceve contemporaneamente due spinte, la prima spinta diretta dal basso verso l'alto uguale al peso del liquido spostato, avente quella stessa forma del corpo per la parte immersa, calcolato nella*

*posizione occupata dalla parte del corpo stesso immerso, la seconda spinta diretta sempre dal basso verso l'alto uguale al peso dell'aeriforme  spostato, avente quella stessa forma del corpo per la parte in aria, calcolato nella posizione occupata dalla parte del corpo stesso in aria".*

Durante il riempimento del cassero il valore delle due spinte, quella dell'acqua e quella dell'aria, resta immutato; esso trasmetterà al fondo un certo peso che è dato dal peso del cassero nella posizione del fondo diminuito dalle due spinte di Archimede.

2° fase Caso B

Il cassero viene man mano, ad intermittenza, riempito d'acqua; pertanto esso sarà sempre più con la parte in acqua e sempre meno con la parte in aria.  Si ha la prima posizione di equilibrio stabile, per la quale il peso del cassero è uguale alla spinta di Archimede, quando esso è interamente al di sotto della superficie libera dell'acqua e nessuna sua parte è in aria: cassero sospeso in acqua. Continuando a riempire ad intermittenza  il cassero, esso si abbasserà sempre più e rimarrà sospeso in acqua in ogni nuova posizione, in ognuna della quale  il nuovo peso del cassero è uguale alla nuova spinta di Archimede: abbiamo infinite posizioni di equilibrio stabile, l'ultima delle quali è quella che si ha non appena il cassero, nella sua parte più bassa, tocca il fondo dell'acqua. Da questo momento in poi, continuando il riempimento del cassero, esso trasmetterà al fondo un certo peso che è dato dal peso del cassero nella posizione del fondo diminuito dalla spinta di Archimede.

Dal momento che il corpo è interamente al di sotto della superficie libera dell'acqua, quindi nessuna sua parte si trova in aria, per me la formulazione corretta del principio di Archimede, dovendo necessariamente considerare l'effetto forma è:

*"Un corpo immerso in un liquido riceve una spinta diretta dal basso verso l'alto uguale al peso del liquido spostato, avente quella stessa forma del corpo, calcolato nella posizione occupata dal corpo stesso".*

4.2.2 *lago*

Con riferimento alla visione approssimativa, trascuro l'innalzamento del livello dell'acqua del lago. Pertanto, fermo restante la quota del lago, per cui il peso del corpo, dell'aria e dell'acqua sono quelli dovuti alla posizione del lago, confermo tutto quanto evidenziato per il caso precedente di mare aperto.

4.2.3 *recipiente pieno al colmo di liquido (acqua)*

Considero un cassero metallico, richiamando quanto già in precedenza analizzato si ha:

1° fase Caso A

Cassero metallico lasciato libero in acqua nel recipiente pieno al colmo, la cui profondità è minore dell'altezza del cassero, tale da non consentire il galleggiamento. Il cassero, toccando il fondo, è parzialmente affondato; pertanto esso si trova parte in acqua e con la parte rimanente in aria. L'acqua che fuoriesce si disperde nell'ambiente.

Per me la formulazione corretta del principio di Archimede, dovendo necessariamente considerare l'effetto forma è:

*"Un corpo immerso in un liquido, nella fase di affondamento parziale, riceve contemporaneamente due spinte, la prima spinta diretta dal basso verso l'alto uguale al peso del liquido spostato, avente quella stessa forma del corpo per la parte immersa, calcolato nella posizione occupata dalla parte del corpo stesso immerso,*

*la seconda spinta diretta sempre dal basso verso l'alto uguale al peso dell'aeriforme  spostato, avente quella stessa forma del corpo per la parte in aria, calcolato nella posizione occupata dalla parte del corpo stesso in aria".*

1° fase Caso B

Cassero metallico lasciato libero in acqua nel recipiente pieno al colmo, la cui profondità è maggiore dell'altezza del cassero. Il cassero galleggia in acqua; pertanto esso si trova parte in acqua e con la parte rimanente in aria. L'acqua che fuoriesce si disperde nell'ambiente.
   Per me la formulazione corretta del principio di Archimede, dovendo necessariamente considerare l'effetto forma è:

*"Un corpo immerso in un liquido, nella fase di galleggiamento, riceve contemporaneamente due spinte, la prima spinta diretta dal basso verso l'alto uguale al peso del liquido spostato, avente quella stessa forma del corpo per la parte immersa, calcolato nella posizione occupata dalla parte del corpo stesso immerso, la seconda spinta diretta sempre dal basso verso l'alto uguale al peso dell'aeriforme  spostato, avente quella stessa forma del corpo per la parte in aria, calcolato nella posizione occupata dalla parte del corpo stesso in aria".*

2° fase Caso A

Il cassero viene man mano, ad intermittenza, riempito d'acqua; esso continua sempre ad essere parzialmente affondato. L'acqua che fuoriesce, dispersa nell'ambiente, è immutata.
   Per me la formulazione corretta del principio di Archimede, dovendo necessariamente considerare l'effetto forma è:

*"Un corpo immerso in un liquido, nella fase di affondamento parziale, riceve contemporaneamente due spinte, la prima spinta diretta dal basso verso l'alto uguale al peso del liquido spostato, avente quella stessa forma del corpo per la parte immersa, calcolato nella posizione occupata dalla parte del corpo stesso immerso, la seconda spinta diretta sempre dal basso verso l'alto uguale al peso dell'aeriforme spostato, avente quella stessa forma del corpo per la parte in aria, calcolato nella posizione occupata dalla parte del corpo stesso in aria".*

Durante il riempimento del cassero il valore delle due spinte, quella dell'acqua e quella dell'aria, resta immutato; esso trasmetterà al fondo un certo peso che è dato dal peso del cassero nella posizione del fondo diminuito dalle due spinte di Archimede.

2° fase Caso B

Il cassero viene man mano, ad intermittenza, riempito d'acqua; pertanto esso sarà sempre più con la parte in acqua e sempre meno con la parte in aria. L'acqua che fuoriesce si disperde nell'ambiente.

Si ha la prima posizione di equilibrio stabile, per la quale il peso del cassero è uguale alla spinta di Archimede, quando esso è interamente al di sotto della superficie libera dell'acqua e nessuna sua parte è in aria: cassero sospeso in acqua. Continuando a riempire ad intermittenza il cassero, esso si abbasserà sempre più e rimarrà sospeso in acqua in ogni nuova posizione, in ognuna della quale il nuovo peso del cassero è uguale alla nuova spinta di Archimede: abbiamo infinite posizioni di equilibrio stabile, l'ultima delle quali è quella che si ha non appena il cassero, nella sua parte più bassa, tocca il fondo dell'acqua. Da questo momento in poi, continuando il riempimento del cassero, esso trasmetterà al fondo un certo peso che è dato dal peso del cassero nella posizione del fondo diminuito dalla spinta di Archimede.

Dal momento che il corpo è interamente al di sotto della superficie libera dell'acqua, quindi nessuna sua parte si trova in aria, per me la formulazione corretta del principio di Archimede, dovendo necessariamente considerare l'effetto forma è:

*"Un corpo immerso in un liquido riceve una spinta diretta dal basso verso l'alto uguale al peso del liquido spostato, avente quella stessa forma del corpo, calcolato nella posizione occupata dal corpo stesso".*

4.2.4 *recipiente non pieno al colmo di liquido (acqua)*

Considero la circostanza che il recipiente, per la parte rimanente vuota di liquido, è di altezza tale da poter contenere tutto l'innalzamento del livello d'acqua, causato dall'immersione del cassero. Pertanto non si ha nessuna dispersione d'acqua nell'ambiente

Considero un cassero metallico, richiamando quanto già in precedenza analizzato si ha:

1° fase Caso A

Cassero metallico lasciato libero in acqua nel recipiente non pieno al colmo, la cui profondità è minore dell'altezza del cassero, tale da non consentire il galleggiamento, nonostante l'innalzamento del livello d'acqua. Il cassero, toccando il fondo, è parzialmente affondato; pertanto esso si trova parte in acqua e con la parte rimanente in aria.

Per me la formulazione corretta del principio di Archimede, dovendo necessariamente considerare l'effetto forma è:

*"Un corpo immerso in un liquido, nella fase di affondamento parziale, riceve contemporaneamente due spinte, la prima spinta diretta dal basso verso l'alto uguale al peso del liquido spostato, avente quella stessa*

*forma del corpo per la parte immersa, calcolato nella posizione occupata dalla parte del corpo stesso immerso, la seconda spinta diretta sempre dal basso verso l'alto uguale al peso dell'aeriforme  spostato, avente quella stessa forma del corpo per la parte in aria, calcolato nella posizione occupata dalla parte del corpo stesso in aria".*

1° fase Caso B

Cassero metallico lasciato libero in acqua nel recipiente non pieno al colmo, la cui profondità, a causa dell'innalzamento del livello d'acqua, è maggiore dell'altezza del cassero. Il cassero galleggia in acqua; pertanto esso si trova parte in acqua e con la parte rimanente in aria.

Per me la formulazione corretta del principio di Archimede, dovendo necessariamente considerare l'effetto forma è:

*"Un corpo immerso in un liquido, nella fase di galleggiamento, riceve contemporaneamente due spinte, la prima spinta diretta dal basso verso l'alto uguale al peso del liquido spostato, avente quella stessa forma del corpo per la parte immersa, calcolato nella posizione occupata dalla parte del corpo stesso immerso, la seconda spinta diretta sempre dal basso verso l'alto uguale al peso dell'aeriforme  spostato, avente quella stessa forma del corpo per la parte in aria, calcolato nella posizione occupata dalla parte del corpo stesso in aria".*

2° fase Caso  A

Il cassero viene man mano, ad intermittenza, riempito d'acqua, la cui profondità è sempre minore dell'altezza del cassero, tale da non consentire il galleggiamento, nonostante l'innalzamento del livello d'acqua; esso continua sempre ad essere parzialmente affondato.

Per me la formulazione corretta del principio di Archimede, dovendo necessariamente considerare l'effetto forma è:

*"Un corpo immerso in un liquido, nella fase di affondamento parziale, riceve contemporaneamente due spinte, la prima spinta diretta dal basso verso l'alto uguale al peso del liquido spostato, avente quella stessa forma del corpo per la parte immersa, calcolato nella posizione occupata dalla parte del corpo stesso immerso, la seconda spinta diretta sempre dal basso verso l'alto uguale al peso dell'aeriforme spostato, avente quella stessa forma del corpo per la parte in aria, calcolato nella posizione occupata dalla parte del corpo stesso in aria".*

Durante il riempimento del cassero il valore delle due spinte, quella dell'acqua e quella dell'aria, resta immutato; esso trasmetterà al fondo un certo peso che è dato dal peso del cassero nella posizione del fondo diminuito dalle due spinte di Archimede.

2° fase Caso B

Il cassero viene man mano, ad intermittenza, riempito d'acqua, la cui profondità, a causa dell'innalzamento del livello d'acqua, è sempre maggiore dell'altezza del cassero; pertanto esso sarà sempre più con la parte in acqua e sempre meno con la parte in aria.

Si ha la prima posizione di equilibrio stabile, per la quale il peso del cassero è uguale alla spinta di Archimede, quando esso è interamente al di sotto della superficie libera dell'acqua e nessuna sua parte è in aria: cassero sospeso in acqua. Continuando a riempire ad intermittenza il cassero, esso si abbasserà sempre più e rimarrà sospeso in acqua in ogni nuova posizione, in ognuna della quale il nuovo peso del cassero è uguale alla nuova spinta di Archimede: abbiamo infinite posizioni di equilibrio stabile, l'ultima delle quali è quella che si ha non appena il cassero, nella sua parte più bassa, tocca il fondo dell'acqua. Da questo momento in poi, continuando il riempimento del cassero, esso trasmetterà al fondo un certo peso che è dato dal peso del cassero nella posizione del fondo diminuito dalla spinta di Archimede.

Dal momento che il corpo è interamente al di sotto della superficie libera dell'acqua, quindi nessuna sua parte si trova in aria, per me la formulazione corretta del principio di Archimede, dovendo necessariamente considerare l'effetto forma è:

*"Un corpo immerso in un liquido riceve una spinta diretta dal basso verso l'alto uguale al peso del liquido spostato, avente quella stessa forma del corpo, calcolato nella posizione occupata dal corpo stesso".*

*4.2.5 conclusioni-sintesi*

## principio di Archimede corretto

*4.2.5.1 corpo in aria*

*"Un corpo immerso in un aeriforme riceve una spinta diretta dal basso verso l'alto uguale al peso dell'aeriforme spostato, avente quella stessa forma del corpo, calcolato nella posizione occupata dal corpo stesso".*

*4.2.5.2 corpo in liquido parzialmente affondato*

*"Un corpo immerso in un liquido, nella fase di affondamento parziale, riceve contemporaneamente due spinte, la prima spinta diretta dal basso verso l'alto uguale al peso del liquido spostato, avente quella stessa forma del corpo per la parte immersa, calcolato nella posizione occupata dalla parte del corpo stesso immerso, la seconda spinta diretta sempre dal basso verso l'alto uguale al peso dell'aeriforme spostato, avente quella*

*stessa forma del corpo per la parte in aria, calcolato nella posizione occupata dalla parte del corpo stesso in aria".*

### 4.2.5.3 *corpo in liquido nella fase di galleggiamento*

*"Un corpo immerso in un liquido, nella fase di galleggiamento, riceve contemporaneamente due spinte, la prima spinta diretta dal basso verso l'alto uguale al peso del liquido spostato, avente quella stessa forma del corpo per la parte immersa, calcolato nella posizione occupata dalla parte del corpo stesso immerso, la seconda spinta diretta sempre dal basso verso l'alto uguale al peso dell'aeriforme spostato, avente quella stessa forma del corpo per la parte in aria, calcolato nella posizione occupata dalla parte del corpo stesso in aria".*

### 4.2.5.4 *corpo in liquido in stato di immersione e di affondamento*

*"Un corpo immerso in un liquido riceve una spinta diretta dal basso verso l'alto uguale al peso del liquido spostato, avente quella stessa forma del corpo, calcolato nella posizione occupata dal corpo stesso".*

### 4.2.6 *confronto*

Si confrontano lo stato 4.2.3 del recipiente pieno al colmo di liquido (acqua) Caso B stato di galleggiamento, con lo stato 4.2.4 del recipiente non pieno al colmo di liquido (acqua) Caso B stato di galleggiamento.

Questi due stati, in galleggiamento, pur prevedendo la stessa formulazione del principio di Archimede corretto, *"Un corpo immerso in un liquido, nella fase di galleggiamento, riceve contemporaneamente due spinte, la prima spinta diretta dal basso verso l'alto uguale al peso del liquido spostato, avente quella stessa forma del corpo per la parte immersa, calcolato nella posizione occupata dalla parte del corpo stesso immerso, la seconda spinta diretta sempre dal basso verso l'alto uguale al peso dell'aeriforme  spostato, avente quella stessa forma del corpo per la parte in aria, calcolato nella posizione occupata dalla parte del corpo stesso in aria",* hanno però i valori dei pesi dei corpi e delle spinte di Archimede diversi, peso e spinte relative allo stato 4.2.3 del recipiente pieno al colmo di liquido maggiori del peso e delle spinte relative allo stato 4.2.4 del recipiente non pieno al colmo di liquido perché la relativa superficie libera del liquido è a quota più bassa rispetto all'altra, quindi più vicina al centro della terra.

### 4.2.7 *più corpi*

Quale che sia uno dei casi di cui in precedenza, nella circostanza di più corpi immersi in contemporanea, senza volermi addentrare nei dettagli, con analogia, in modo esemplificativo richiamo la mutua azione reciproca, il cui effetto fa cambiare la natura dei corpi che la natura del liquido in cui essi sono immersi: basti considerare che cambiando il livello del liquido, cambia il peso specifico sia dei corpi che quello del liquido.

# Capitolo V    Studio di casi particolari

*La Verità è figlia del Tempo*

## 5.1 In visione globale

1 - Considero un recipiente pieno d'acqua (il recipiente a sua volta è contenuto in un altro recipiente vuoto, formandosi così un recipiente doppio; la distanza tra i due recipienti è liberamente variabile; il secondo recipiente può essere a tenuta stagna o a perdere mediante una valvola di chiusura), un corpo in forma sferica il cui diametro è minore dell'altezza del primo recipiente, un terzo recipiente vuoto a cavità sferica contenente perfettamente il corpo di forma sferica, posti su una parte di piano orizzontale condotto da un punto della superficie terrestre, parte di piano funzionante da bilancia.

N.B. I fondi del recipiente doppio e quello del terzo recipiente vuoto a cavità sferica hanno lo stesso spessore. La parte esterna a tali recipienti continua con lo stesso spessore dei fondi; il corpo di forma sferica poggia proprio su tale parte esterna.
Eseguo la prima misurazione del peso totale di tale sistema: Pt1.
2 - Considero il corpo immerso nel recipiente, tutto al di sotto del pelo libero d'acqua, senza nessuna sua parte in aria, in condizione di prima posizione di equilibrio stabile. Il secondo recipiente è tenuto a valvola aperta, pertanto il liquido che fuoriesce si disloca fuori dal secondo recipiente, ma entro la superficie dl piano bilancia.
Eseguo la seconda misurazione del peso totale di tale sistema: Pt2.

3 - Considero il corpo immerso nel recipiente, tutto al di sotto del pelo libero d'acqua, senza nessuna sua parte in aria, in condizione di prima posizione di equilibrio stabile. Il secondo recipiente è tenuto a valvola chiusa, ad una distanza dal primo tale che il livello del liquido che fuoriesce è ad una altezza minore di quello del primo.
Eseguo la terza misurazione del peso totale di tale sistema: Pt3.

4 - Considero il corpo immerso nel recipiente, tutto al di sotto del pelo libero d'acqua, senza nessuna sua parte in aria, in condizione di prima posizione di equilibrio stabile. Il secondo recipiente è tenuto a valvola chiusa, ad una distanza dal primo tale che il livello del liquido che fuoriesce è alla stessa altezza di quello del primo.
Eseguo la quarta misurazione del peso totale di tale sistema: Pt4.

5 - Considero il corpo immerso nel recipiente, tutto al di sotto del pelo libero d'acqua, senza nessuna sua parte in aria, in condizione di prima posizione di equilibrio stabile. Il secondo recipiente è tenuto a valvola aperta. Il liquido che fuoriesce viene raccolto e portato nel terzo recipiente a forma sferica, come già detto, coincidente con quella del corpo di forma sferica.
Eseguo la quinta misurazione del peso totale di tale sistema: Pt5.

Confronto tra le varie pesature.

a) Per essere il corpo immerso in acqua in condizione di equilibrio stabile, allora, il peso del corpo di forma sferica sommato a quello del terzo recipiente vuoto che potrebbe perfettamente contenerlo posti sul piano della bilancia, è uguale al peso del terzo recipiente pieno d'acqua posto sempre sul piano della bilancia. Questa circostanza si verifica ugualmente per qualsiasi altra posizione di equilibrio stabile tra le altre infinite possibili. Quindi si ha:
Pt1 = Pt5

b) Per essere la distanza del centro di massa dell'acqua fuoriuscita man mano crescente, allora il conseguente peso è man mano decrescente. Questa circostanza si verifica ugualmente per qualsiasi altra posizione di equilibrio stabile tra le altre infinite possibili. Quindi si ha:
Pt1 = Pt5 > Pt2 > Pt3 > Pt4
N.B. Faccio osservare che non ho potuto determinare il valore della spinta di Archimede perché le apparecchiature, così come descritte, non consentono di conoscerla.

## 5.2 In visione dettagliata

1 - Considero un recipiente pieno d'acqua (il recipiente a sua volta è contenuto in un altro recipiente vuoto, la distanza tra i due recipienti è liberamente variabile, formandosi così un recipiente doppio; il secondo recipiente può essere a tenuta stagna o a perdere mediante una valvola di chiusura), un corpo in forma sferica il cui diametro è minore dell'altezza del primo recipiente, un terzo recipiente vuoto a cavità sferica contenente perfettamente il corpo di forma sferica, un quarto recipiente la cui cavità a forma di cilindro equilatero ha volume uguale a quello del corpo sferico, un quinto recipiente la cui cavità a forma di cubo ha volume uguale a quello del corpo sferico, posti su una parte di piano orizzontale condotto da un punto della superficie terrestre, parte di piano funzionante da bilancia. Il terzo, il quarto e il quinto recipiente sono posti con la base sul piano orizzontale in modo che ciascuna parte della superficie d'appoggio funzioni autonomamente come bilancia. Inoltre queste tre bilance sono attrezzate con congegni di sollevamento per consentire la pesatura a qualsiasi altezza si voglia rispetto alla bilancia principale materializzata dal piano orizzontale generale.
N.B. I fondi del recipiente doppio, quello del terzo recipiente vuoto a cavità sferica, quello del quarto recipiente la cui cavità a forma di cilindro equilatero e

quello del quinto recipiente la cui cavità a forma di cubo hanno lo stesso spessore. La parte esterna a tali recipienti continua con lo stesso spessore dei fondi; il corpo di forma sferica poggia proprio su tale parte esterna.

Eseguo la prima misurazione del peso totale di tale sistema: Pt1.

2 - Considero il corpo immerso nel recipiente, tutto al di sotto del pelo libero d'acqua, senza nessuna sua parte in aria, in condizione di prima posizione di equilibrio stabile. Il secondo recipiente è tenuto a valvola aperta, pertanto il liquido che fuoriesce si disloca fuori dal secondo recipiente, ma entro la superficie dl piano bilancia.

Eseguo la seconda misurazione del peso totale di tale sistema: Pt2.

3 - Considero il corpo immerso nel recipiente, tutto al di sotto del pelo libero d'acqua, senza nessuna sua parte in aria, in condizione di prima posizione di equilibrio stabile. Il secondo recipiente è tenuto a valvola chiusa, ad una distanza dal primo tale che il livello del liquido che fuoriesce è ad una altezza minore di quello del primo.

Eseguo la terza misurazione del peso totale di tale sistema: Pt3.

4 - Considero il corpo immerso nel recipiente, tutto al di sotto del pelo libero d'acqua, senza nessuna sua parte in aria, in condizione di prima posizione di equilibrio stabile. Il secondo recipiente è tenuto a valvola chiusa, ad una distanza dal primo tale che il livello del liquido che fuoriesce è alla stessa altezza di quello del primo.

Eseguo la quarta misurazione del peso totale di tale sistema: Pt4.

5 - Considero il corpo immerso nel recipiente, tutto al di sotto del pelo libero d'acqua, senza nessuna sua parte in aria, in condizione di prima posizione di equilibrio stabile. Il secondo recipiente è tenuto a valvola aperta. Il liquido che fuoriesce viene raccolto e portato nel terzo recipiente a forma sferica, come già detto, coincidente con quella del corpo di forma sferica.

Eseguo la quinta misurazione del peso totale di tale sistema: Pt5.

Confronto tra le varie pesature.

Fino a questo momento tutto è come al punto 5.1 In visione globale, con la sola aggiunta che il peso totale delle cinque misurazioni ora comprende anche i pesi parziali del quarto recipiente a cavità di cilindro equilatero e del quinto recipiente a cavità cubica.

a) Per essere il corpo immerso in acqua in condizione di equilibrio stabile, allora, il peso del corpo di forma sferica sommato a quello del terzo recipiente vuoto che potrebbe perfettamente contenerlo posti sul piano della bilancia, è uguale al peso del terzo recipiente pieno d'acqua posto sempre sul piano della bilancia. Questa circostanza si verifica ugualmente per qualsiasi altra posizione di equilibrio stabile tra le altre infinite possibili. Quindi si ha:
Pt1 = Pt5

b) Per essere la distanza del centro di massa dell'acqua fuoriuscita man mano crescente, allora il conseguente peso è man mano decrescente. Questa circostanza si verifica ugualmente per qualsiasi altra posizione di equilibrio stabile tra le altre infinite possibili. Quindi si ha:
Pt1 = Pt5 > Pt2 > Pt3 > Pt4

6 - Considero il corpo immerso nel recipiente, tutto al di sotto del pelo libero d'acqua, senza nessuna sua parte in aria, in condizione di prima posizione di equilibrio stabile.
Il secondo recipiente è tenuto a valvola aperta. Il liquido che fuoriesce viene raccolto e portato nel quarto recipiente con cavità a forma di cilindro equilatero, come già detto, con volume coincidente con quello del corpo di forma sferica.

Eseguo la sesta misurazione del peso totale di tale sistema: Pt6.

7 - Considero il corpo immerso nel recipiente, tutto al di sotto del pelo libero d'acqua, senza nessuna sua parte in aria, in condizione di prima posizione di equilibrio stabile.

Il secondo recipiente è tenuto a valvola aperta. Il liquido che fuoriesce viene raccolto e portato nel quinto recipiente con cavità a forma di cubo, come già detto, con volume coincidente con quello del corpo di forma sferica. Eseguo la settima misurazione del peso totale di tale sistema: Pt7.

Confronto nuovamente tra le varie pesature con le ulteriori due.

Per quanto detto nel mio precedente lavoro, pur se con la stessa massa, per essere il peso in forma di cubo maggiore di quello in forma di cilindro equilatero che a sua volta è maggiore di quello a forma sferica (Pcubo > Pcilndro equilatero > Psfera) si ha:
Pt7 > Pt6 > Pt5 = Pt1 > Pt2 > Pt3 > Pt4

Per la misurazione della spinta di Archimede eseguo queste specifiche pesature.

- Pesatura del terzo recipiente vuoto contenente perfettamente il corpo di forma sferica, portato all'altezza tale che il centro della cavità sferica è alla stessa quota del centro di massa del corpo sferico, tale valore è già simultaneamente diminuito della spinta in aria a cui il recipiente vuoto è soggetto: Pr3 vuoto (peso apparente);
- Pesatura del terzo recipiente pieno con l'acqua fuoriuscita, fisso nella posizione di prima con recipiente vuoto, quindi sempre con il centro della cavità sferica alla stessa quota del centro di massa del corpo sferico, tale valore è già simultaneamente diminuito della spinta in aria a cui il recipiente ora pieno è soggetto, tale valore è identico a quello relativo al recipiente vuoto, perché in entrambi i casi il volume esterno del recipiente è lo stesso:
Pr3 pieno (peso apparente);
- La spinta di Archimede a cui il corpo di forma sferica immerso nel liquido del primo recipiente, pertanto, per

essere calcolata con la stessa forma del corpo immerso e nella sua stessa posizione, vale:

SA = (Pr3 pieno - Pr3 vuoto)

I valori ottenuti, in modo analogo, con il quarto recipiente (Pr4 pieno – Pr4 vuoto) e con il

quinto recipiente (Pr5 pieno – Pr5 vuoto) in base ai quali si ha:

(Pr5 pieno – Pr5 vuoto)>(Pr4 pieno – Pr4 vuoto)>SA=(Pr3 pieno – Pr3 vuoto)

sono valori errati perché non tengono conto della forma del corpo immerso e della sua posizione.

## 5.3 Approfondimenti sull'effetto forma

### 5.3.1 Preliminare per gli specialisti

Preliminarmente per gli specialisti, è interessante determinare il peso apparente (quindi al netto della spinta di Archimede in aria) uguale di tre corpi, che devono essere della stessa massa, ma il primo di forma cubica, il secondo di forma di cilindro equilatero e il terzo di forma sferica. Nel caso come penso ci siano più soluzioni, poter determinare anche il rapporto tra i valori delle varie soluzioni.

### 5.3.2 Studio A

Considero un recipiente di forma generica vuoto, con base piana orizzontale funzionante da bilancia, posto sulla superficie terrestre.

Pongo all'interno del recipiente tre corpi della stessa materia, di volume unitario, il primo di forma cubica, il secondo di forma di cilindro equilatero e il terzo di forma sferica. Come sappiamo, per il loro peso analitico, prescindendo dalla spinta in aria di Archimede si ha:

Pcubo > Pcilindro equilatero > Psfera

La materia dei tre corpi è tale che in acqua essi, in presenza d'acqua nel recipiente, saranno nella prima posizione di equilibrio stabile, tutto al di sotto del pelo libero d'acqua, senza nessuna sua parte in aria.

Inizio il riempimento del recipiente. Non appena il livello dell'acqua raggiunge il valore unitario (1 metro, oppure multipli o sottomultipli del metro), il corpo di forma cubica si porta nella sua prima posizione di equilibrio stabile; il secondo e il terzo corpo, invece sono in stato di parziale affondamento.

Continuando il riempimento, non appena il livello dell'acqua raggiunge il valore di 1,08 (metro, oppure multipli o sottomultipli del metro) che è il diametro del cilindro equilatero, il corpo di forma di cilindro equilatero si porta nella sua prima posizione di equilibrio stabile. Il primo corpo continua ad essere nella sua prima posizione di equilibrio stabile a quota sempre più alta; il terzo corpo, invece, continua in stato di parziale affondamento.

Continuando ancora il riempimento, non appena il livello dell'acqua raggiunge il valore di 1,24 (metro, oppure multipli o sottomultipli del metro) che è il diametro della sfera, il corpo di forma sferica si porta, anch'esso ora, nella sua prima posizione di equilibrio stabile. Il primo e il secondo corpo continuano ad essere nella loro prima posizione di equilibrio stabile a quota sempre più alta.

A questo punto, tutti e tre i corpi, a causa della spinta di Archimede in acqua, hanno peso apparente nullo (peso corpo uguale spinta Archimede), ma a tre quote diverse del loro centro di massa rispetto al piano di posa del recipiente:
- distanza centro di massa corpo a forma cubica = 1,24 – 0,5 = 0,74
- distanza centro di massa corpo a forma cilindro equilatero = 1,24 – 0,54 = 0,70
- distanza centro di massa corpo a forma sferica = 1,24 – 0,62 = 0,62

Essendo già noto il peso analitico del corpo di forma sferica in relazione al quale si ha il peso apparente nullo con il livello d'acqua di 1,24 (Psfera), per gli specialisti, è interessante determinare il peso analitico degli altri due corpi in relazione ai quali si deve avere anche per loro il peso apparente nullo nell'ultima posizione di equilibrio stabile quando anch'essi toccano il fondo.

E' evidente che per il corpo di forma sferica la sua massa resta immutata (in queste condizioni, la sua posizione di equilibrio stabile è la prima ed unica, coincidente con l'ultima per toccare il fondo), pari a quella degli altri due corpi. Invece, per il corpo di forma di cilindro equilatero la sua massa deve aumentare di una certa quantità; per il corpo di forma cubica la sua massa deve aumentare di una quantità ancora maggiore rispetto a quella di forma di cilindro equilatero.

*Dalla disamina fatta, si può ben vedere l'importanza dell'effetto forma sia per il peso dei corpi che per la spinta di Archimede.*

Non considerare l'effetto forma, come fino ad oggi viene fatto, oltre a comportare la valutazione errata dei pesi dei corpi (cosa ancor più grave la massa dei corpi) e delle spinte di Archimede, non permette di analizzare i casi particolari già evidenziati.

# Capitolo VI   Tempo universale – simultaneità

**E il naufragar m'è dolce in questo mare**

## 6.1 L'universo

L'universo è UNO.

Il filosofo concepisce un solo Universo.

Il filosofo vede che l'uomo, per la sua finitezza, non può contemplare l'Universo.

Il filosofo vede che l'uomo può osservare solo una parte di Universo. Per farlo considera corpi separati che hanno ciascuno una propria forma e sono divisi dalla loro superficie.

La Scienza, ma non all'unanimità, pur con la sua intrinseca contraddizione maieutica, ci dice che l'universo, originatosi dal *"Big Bang"*, ha l'età, poco importa se non univocamente indicata, di 13.5 o 14 o 14.5 miliardi di anni.

*Questo è il tempo universale dell'Universo per la Scienza.*

La Scienza convinta di aver determinato *l'istante iniziale* pensa di poter determinare *l'istante finale.*

Io non riesco a non far notare l'intrinseca contraddizione della Scienza.

*L'anno è il tempo medio che la terra impiega per compiere un giro completo attorno al sole. Pertanto, prima che il sole si formasse e prima che anche il sistema solare si formasse (in particolare la terra), come è possibile riferire la durata dell'anno, in modo retroattivo, come l'unità di misura temporale e, addirittura, poterla portare fino al tempo 0 del "Big Bang"?*

Allo stesso modo, se il sistema solare evolve, tale unità di misura temporale come può essere rapportata in modo futuristico fino al tempo *Ultimo dell'eventuale implosione*?

Nonostante tutto, la Scienza non riesce a fare a meno del *Tempo Universale*.

Con il *Tempo Universale* l'Evento è Unico.

Quello che l'Uomo osserva è una parte dell'Evento: tali componenti, pertanto, sono tutti simultanei. L'osservatore fisico, quale che sia il suo Sistema Coordinate, però non li può studiare in contemporanea.

L'osservatore è attivo, non solo per la Meccanica Quantistica, ma anche per la Fisica Classica e per la Fisica Relativistica.

Ciò è oltremodo evidente, soprattutto, nel campo di una possibile *Fisica Ordinaria*.

Richiamando il mio precedente lavoro, basti pensare allo studio della caduta libera dei gravi, sia come analisi reale che come modello teorico, la terra viene modificata proprio perché dalla sua massa deve essere sottratta quella del corpo di prova.

I fisici della meccanica classica e, soprattutto, Einstein hanno commesso proprio questo errore: ritenere la massa della terra costante anche quando da essa viene a mancare quella del corpo di prova che viene portato ad una certa altezza dalla superficie terrestre.

Inoltre, quando in caduta libera sono più gravi in contemporanea, i fisici della meccanica classica e, cosa ancor più grave, Einstein, oltre a ritenere erroneamente la massa della terra costante anche quando da essa viene a mancare quella dei corpi di prova che vengono portati ad una certa altezza dalla superficie terrestre, hanno commesso l'ulteriore (più grave) errore di ritenere costante il campo gravitazionale terrestre, non considerando gli ineludibili effetti della Mutua Attrazione Reciproca (sovrapposizione degli effetti).

E ancora, proprio per lo studio dei corpi immersi in un liquido, i fisici della meccanica classica, non tengono conto che con tale esperimento cambia sia il corpo immerso che lo stesso liquido: tutto questo è evidenziato nelle parti seguenti.

Per ora è già sufficiente questo.

E' errato confrontare la densità del corpo con quella del liquido o dell'aeriforme e, cosa ancor più grave, ritenerle costanti.

Il confronto va fatto, invece, tra il peso specifico del corpo con quello del liquido o dell'aeriforme, che sono infiniti e variabili (forma, posizione-orientamento e tempo).

## 6.2 Cronaca degli esperimenti (1° tappa)

Nel tardo pomeriggio di domenica 28 gennaio 2018, pensavo di aver concluso la stesura di questa mia seconda riflessione  su Archimede per il principio dei corpi galleggianti.

Il sabato precedente, dopo aver parlato con un condomino di aspetti del nostro edificio, gli illustro lo studio che ho fatto sulla forma dei corpi solidi.

Approfittando del fatto che il suo ambiente di lavoro è attrezzato con bilance, gli chiedo di eseguire delle misurazioni sulla massa di oggetti a forma geometrica classica (parallelepipedo o cilindro non equilatero).

Il lunedì successivo, per la prima volta in tutto questo maieutico periodo, mi sveglio con il desiderio di poter verificare gli effetti gravitazionali derivanti dalla forma dei corpi solidi.

Il mio amico doveva eseguire con la bilancia misurazioni di peso (massa); io potevo verificare gli effetti gravitazionali derivanti dalla forma dei corpi solidi in relazione alla spinta di Archimede.

Riempio d'acqua un contenitore.

Alla presenza di Mauro e Salvatore, constato che un bicchiere di plastica, color bianco, in posizione *tendente* verticale (posizione di minor peso) resta immerso tutto al di sotto del pelo libero, invece, posto in posizione *tendente* orizzontale (posizione di maggior peso) affonda.

*Gioiosa serenità*, l'osservazione dell'evento.

Lo stesso comportamento mostra una bottiglia di plastica da mezzo litro, piena al colmo della stessa acqua del contenitore: in posizione *tendente* verticale (posizione di minor peso) resta immersa tutta al di sotto del pelo libero, invece, posta in posizione *tendente* orizzontale (posizione di maggior peso) affonda.

Vedere fisicamente, quello già visto maieuticamente, concretizza la *gioiosa serenità*. Dopo anche Carmelo partecipa all'evento.

Il pomeriggio del giorno successivo, in casa di mia madre, alla presenza di due mie sorelle (Maria e Rita) e di altri due miei nipoti (Enza e Stefano), ripeto l'esperimento.

Un bicchiere di vetro, quale che sia la sua posizione, *tendente* orizzontale o *tendente* verticale, affonda sempre; un bicchiere di plastica, stavolta, trasparente, invece, quale che sia la sua posizione, *tendente* orizzontale o *tendente* verticale, galleggia sempre.

Chiedo se in casa ci sono bicchieri di plastica color bianco, come quelli che io avevo già usato, ma non ce ne sono: purtroppo non possiamo vedere l'evento del bicchiere di plastica, color bianco, che al mutare posizione cambia stato di galleggiamento o affondamento.

Credendomi, nulla cambia: anche loro hanno visto.

Più tardi l'amico mi invia le foto delle misurazioni eseguite.

*Eureka … Eureka … come già in acqua …*
*Eureka … Eureka … anche ora in cielo …*

Le foto delle misurazioni eseguite in bilancia, espresse in grammi mostrano una variazione della quarta cifra decimale, corrispondente alla settima cifra decimale in Kg. Precisione di gran lunga inferiore rispetto alla quattordicesima cifra decimale finora raggiunta dai fisici per attestare l'equivalenza tra massa inerziale e massa gravitazionale (a maggior ragione rispetto alla diciottesima cifra decimale che vorrebbe raggiungere la NASA), sul cui presupposto, come sappiamo, si basa la teoria della relatività generale di Einstein.

Lo stesso pomeriggio di mercoledì, tornando, osservo il contenitore contenente acqua con all'interno i due bicchieri di plastica bianca e la bottiglia di plastica da mezzo litro piena d'acqua: constato che erano affondati tutti.

Questo a riprova che la costanza (identità), per una moltitudine di motivi, *perché tutto è un divenire*, in natura non esiste.

Ho rifatto più volte l'esperimento con i due stessi bicchieri di plastica bianca e la stessa bottiglia di plastica da mezzo litro piena d'acqua: affondavano sempre tutti.

Ho rifatto l'esperimento con altri due nuovi bicchieri di plastica bianca.

Stavolta, come originariamente, ancora una volta quello in posizione *tendente* verticale (posizione di minor peso) è rimasto immerso tutto al di sotto del pelo libero, invece, quello posto in posizione *tendente* orizzontale (posizione di maggior peso) è affondato.

Dopo, con sale da cucina ho appesantito l'acqua del solo contenitore. In tal modo la bottiglia di plastica da mezzo litro, che prima, in acqua dolce, in qualsiasi posizione affondava ora, invece, in acqua salata, in qualsiasi posizione galleggia o (difficile vedere ad occhio nudo con visuale obliqua) di equilibrio stabile (prima posizione di equilibrio) a pelo libero dell'acqua.

Durante questa settimana, mi sono più volte chiesto perché nel mio precedente lavoro non avevo considerato l'effetto forma anche per il principio di Archimede. …

Alla fine, ancora una volta, l'ho capito: ogni tappa concretizza le premesse per la tappa successiva.

Ecco la nuova tappa definitiva di oggi giovedì 1 febbraio 2018.

L'effetto forma dei corpi solidi, presente sia per il peso del corpo (già evidenziato nel mio precedente lavoro) che per il principio di Archimede (ora in questo mio lavoro),

Eureka … Eureka …, anche e soprattutto per questo aspetto, come in cielo così in acqua, comporta nello stato reale, *in presenza d'aria e d'acqua* (nel mio precedente lavoro, invece, idealmente in un laboratorio in assenza d'aria), che sostanze diverse (come nel mio precedente lavoro, per esempio platino e legno) aventi la stessa massa e la stessa forma sferica hanno peso diverso (ricordiamoci che per definizione il peso è la forza di attrazione gravitazionale che la terra esercita sul corpo).

In particolare come già visto,
Peso sfera platino > Peso sfera legno, e ancora, per la spinta di Archimede, essendo proprio per l'effetto forma, ora all'inverso,
Spinta Archimede sfera platino < Spinta Archimede sfera legno, il peso apparente dei due corpi (come chiamato nei libri di testo), che invece è proprio quello reale, è diverso e precisamente (in modo più accentuato)
Peso apparente sfera platino > Peso apparente sfera legno.

Faccio osservare che l'effetto della spinta di Archimede, nello stesso identico modo *come in cielo così in acqua*, concorre a rendere ancora più marcata la diversità dei corpi considerati.

*Il pesante più pesante … il leggero più leggero.*

In sintesi, la spinta di Archimede che ha un effetto antigravitazionale (proprio perché agisce all'opposto, dal basso verso l'alto), maggiore per i corpi più leggeri che per avere la stessa massa hanno un volume maggiore, concorre a rendere sempre più leggeri i corpi.

Sui corpi, che sono in movimento, *simultaneamente*, sempre in visione approssimativa, agiscono gli effetti gravitazionali (con la forma) e quelli della spinta di Archimede (sempre con la forma): è l'uomo che pensa di poter separare i due fenomeni.

Alla luce di tutto ciò è anacronistico parlare di peso coincidente con la forza di attrazione gravitazionale, di peso apparente perché dal peso è detratta la spinta di Archimede.

Non è corretto pensare di misurare con una bilancia, qualsiasi essa sia (a braccia uguali, digitale o analogica), la massa dei corpi (con questa errata convinzione, come già evidenziato nel mio precedente lavoro, si commettono due errori), quando invece si sta misurando il peso il quale, per precisione poi, è quello apparente perché comprende la spinta di Archimede.

Così facendo la misura della massa, che dovrebbe restare immutata al cambiare della forma o della posizione del corpo sulla bilancia, è gravata di un terzo errore dovuto proprio all'effetto della spinta di Archimede in aria a cui il corpo è soggetto.

Il mio convincimento è che con la bilancia, qualsiasi essa sia (a braccia uguali, digitale o analogica) si misura solo e solo il peso il quale, in base alle definizioni attuali, per esserci l'effetto della spinta di Archimede (perché è la realtà ineludibile) è il peso apparente, che poi è quello reale.

Analiticamente, con la legge di Newton, io posso calcolare la forza di attrazione gravitazionale, se si vuole si può anche considerare l'effetto della rotazione della terra attorno al suo asse, (non parliamo più di peso).

Con una bilancia (in qualsiasi posizione essa sia), qualunque essa sia (a braccia uguali, digitale o analogica) io misuro il peso del corpo (non parliamo più di peso apparente che poi è quello reale).

A che serve illudersi di poter misurare con la bilancia la massa di un corpo che deve rimanere costante, quando invece varia?

Bisogna convincersi che con la bilancia si misura il peso di un corpo che deve variare.

Non consideriamo la densità; in acqua, se vogliamo raggiungere la maggior precisione (la natura è la bilancia più sensibile) non serve: bisogna considerare i pesi del corpo e del liquido corrispondente, pesi che per loro natura sono variabili.

Pertanto, in visione approssimativa, considerando un liquido in un contenitore in quiete (trascurando i moti browniani), qualsiasi parte ipotetica del liquido (di qualsiasi forma) e quella posta al di sopra di un qualsiasi piano orizzontale sono con peso (peso apparente) nullo che rimane costante.

Tale peso apparente nullo, che quindi rimane costante, però si badi bene, è solo una *parte ipotetica del liquido*, quindi modello teorico non realizzabile in natura. Invece, il peso di tutto il liquido del contenitore, che è una parte dell'Universo, peso che grava sul fondo, è variabile.

*Cosa strana, Leonardo da Vinci ritiene che il peso di un liquido che grava sul fondo che lo sostiene è nullo.*

In un'altra occasione, in modo organico, mi confronterò anche con Leonardo da Vinci.

Il peso di un corpo immerso, o in aria, invece, quale che sia la sua condizione (galleggiamento, sospensione in acqua, affondamento) col tempo varia: utilizzarlo come costante sarà solo, spero, una *cosciente approssimazione* didattica-commerciale.

La conclusione di Albert, che vorrebbe la gravità come entità relativa, secondo la quale gli effetti inerziali (di un modello teorico) costanti sono equivalenti agli effetti reali gravitazionali variabili, non ha, ancora una volta, anche per questo ulteriore approccio, nessun fondamento scientifico.

Gli specialisti, con pazienza, in laboratorio potranno osservare meglio tutti questi fenomeni che ho trattato.

## 6.3 Cronaca di altri esperimenti (2° tappa)

Ancora una volta, pensavo di aver definitivamente concluso la stesura di questa mia seconda riflessione ed invece, nel tardo pomeriggio di mercoledì 14 febbraio 2018, guardando youtube relativamente al principio di

Archimede per i corpi galleggianti, vedo degli esperimenti eseguiti da scolari che mostrano:

a) in un contenitore con acqua dolce un uovo affondato;
b) dopo, lo stesso uovo, immerso in un altro contenitore con acqua opportunamente salata, sospeso in acqua (per chiarezza visiva, preciso che l'uovo non toccava il fondo ed era abbondantemente al di sotto del pelo libero dell'acqua).

Avevo sentito parlare di uova (corpo regno animale) fresche che affondano e di uova passate che galleggiano.

In queste settimane, proprio per realizzare l'apposito esperimento che evidenziasse lo stato di sospensione in acqua (a riprova di: *come in cielo così in acqua*), in una delle posizioni di equilibrio stabile tra le infinite possibili, avevo fatto tanti tentativi con diversi oggetti senza mai riuscirvi.

Assistendo al video di youtube, ancora una volta, lo stato di *gioiosa serenità* mi ha pervaso.

Ma allo stesso tempo, ancora una volta, mi sono chiesto come fosse possibile per i fisici (del mondo didattico ed accademico) non vedere quello che si vede.

Più tardi a casa, alla presenza di mia moglie, e l'indomani assieme al gruppone ho rifatto l'esperimento. Ancora una volta, ma ora per completezza, … *gioiosa serenità*, …

*Eureka … Eureka …* come già in cielo …
*Eureka … Eureka …* ora anche in acqua …

Che bella sensazione spingere l'uovo in basso … e vederlo ritornare in modo altalenante e tendente nella posizione originaria: *in quello stato, proprio l'unica posizione di equilibrio stabile tra le infinite possibili.*

Che bella sensazione sollevare l'uovo … e vederlo ritornare in modo altalenante e tendente nella posizione originaria: *in quello stato, proprio l'unica posizione di equilibrio stabile tra le infinite possibili.*

Oggi alle ore 18,00 del 20 febbraio 2018, facendovi assistere Salvatore e mia sorella Rita, finalmente il secondo tentativo che da settimane cercavo di realizzare proprio per l'apposito esperimento che evidenziasse lo stato di sospensione in acqua (ancora a riprova di: *come in cielo così in acqua*), in una delle posizioni di equilibrio stabile tra le infinite possibili, si è concretizzato.

Il secondo oggetto (corpo regno vegetale) è un tappo di sughero per  bottiglia di vino, appesantito con puntine da disegno d'acciaio e con due piccole calamite, immerso in acqua dolce appesantita con sale da cucina.

Finalmente, *Ad maiora, … gioiosa serenità, …*
*Eureka … Eureka …* come già in cielo …
*Eureka … Eureka …* ora anche in acqua …

Che bella sensazione spingere il tappo in basso … e vederlo ritornare in modo altalenante e tendente nella posizione originaria: *in quello stato, proprio l'unica posizione di equilibrio stabile tra le infinite possibili.*

Che bella sensazione sollevare il tappo … e vederlo ritornare in modo altalenante e tendente nella posizione originaria: *in quello stato, proprio l'unica posizione di equilibrio stabile tra le infinite possibili.*

Oggi nella mattinata del 22 febbraio 2018, facendovi assistere Salvatore e Mauro, finalmente il tentativo che da due giorni cercavo di realizzare, anche con un corpo del regno minerale, proprio per l'apposito esperimento che evidenziasse lo stato di sospensione in acqua (sempre a riprova di: *come in cielo così in acqua*), in una delle posizioni di equilibrio stabile tra le infinite possibili, si è concretizzato.

Il terzo oggetto (corpo del regno minerale) è una bottiglietta di plastica, riempita d'acqua dolce, immerso in acqua dolce appesantita con sale da cucina.

Ancora una volta, ... *gioiosa serenità*, ...
*Eureka Eureka* ... ancora una volta, come già in cielo ...
*Eureka Eureka* ... ora anche in acqua ...

Che bella sensazione spingere la bottiglietta in basso ... e vederla ritornare in modo altalenante e tendente nella posizione originaria: *in quello stato, proprio l'unica posizione di equilibrio stabile tra le infinite possibili.*

Che bella sensazione sollevare la bottiglietta ... e vederla ritornare in modo altalenante e tendente nella posizione originaria: *in quello stato, proprio l'unica posizione di equilibrio stabile tra le infinite possibili.*

Che bella sensazione vedere il **divenire**.

- *Per l'uovo.* L'uovo lentamente si muove verso l'alto. Tante sono le motivazioni, la più semplice è che aumenta la quantità di sale depositato sul fondo che man mano si scioglie in acqua per cui la spinta di Archimede tende ad aumentare, nonché il passar del tempo che rende l'uovo sempre più leggero.
- *Per il tappo.* Il tappo lentamente si muove verso il basso. Tante sono le motivazioni, la più semplice è che il tappo si impregna di acqua salata, saturando così i suoi pori, divenendo più pesante.
- *Per la bottiglietta.* La bottiglietta lentamente si muove verso l'alto. Tante sono le motivazioni, la più semplice è che aumenta la quantità di sale depositato sul fondo che man mano si scioglie in acqua per cui la spinta di Archimede tende ad aumentare.

Oggi i libri di testo di Fisica, come già in precedenza evidenziato, nel caso di peso del corpo uguale alla spinta di Archimede, erroneamente ritengono tale equilibrio unico e come equilibrio indifferente.

Invece, il peso del corpo e analogamente la spinta di Archimede variano al cambiare della forma, posizione ed orientamento del corpo stesso.

Il corpo ha infiniti (tre ordini) valori del proprio peso in funzione della forma, posizione ed orientamento del corpo stesso.

La spinta di Archimede ha infiniti (tre ordini) valori in riferimento alla forma, posizione e orientamento del corpo stesso.

In aria (corpo sospeso in aria) ci sono infinite (tre ordini) "posizioni condizioni" di equilibrio, tutti stabili.

In modo analogo in acqua (corpo sospeso in acqua), ancora una volta come già detto, contrariamente a quanto riportato dai libri di testo di Fisica, secondo i quali l'equilibrio è uno solo ed è indifferente, invece esso è equilibrio stabile, che è una tra le infinite (tre ordini) "posizioni condizioni" di equilibrio, tutti stabili.

L'equilibrio è stabile perché quando il corpo è spostato da tale posizione, non resta nella nuova, ma ritorna nella sua posizione originaria.
Per la visione degli esperimenti si rimanda a YOUTUBE: ARMENIA SANTO >>> ARCHIMEDE ESPERIMENTI, o al mio sito www.armeniasanto.it in base ai quali è mostrata tale evidenza.

Il corpo e la spinta di Archimede hanno infiniti (tre ordini) valori del proprio peso e della relativa spinta di Archimede proprio perché funzione della forma, posizione ed orientamento del corpo stesso, in riferimento all'autore scrivente, che ha fissato il luogo ed il tempo dell'osservazione-esperimento.

Per ogni altro osservatore che, per forza di cose, sceglierà un altro luogo (con latitudine, longitudine ed altitudine diverse) e sarà ad un tempo successivo, l'ordine delle infinità sarà in tutto sette: le 3+1 dello spazio-tempo della "Fisica ordinaria", di cui al mio precedente lavoro, a cui vanno sommate le 3 di cui in precedenza.

In natura è impossibile trovare una posizione-condizione di tale equilibrio stabile, proprio perché una qualsiasi parte di natura (piccola quando si vuole) non è esprimibile con un solo (o coppia, o terna, ecc.) numero reale ma necessita di un campo (limitato quanto si vuole) delimitante che la contenga.

Per questo, invece, è necessario con l'approssimazione e i metodi propri della fisica, determinare il campo finito (piccolo quando si vuole) all'interno del quale possa collocarsi la posizione-condizione di tale equilibrio stabile ricercata.

Questo perché, a differenza degli studi teorici e sperimentali della Fisica (classica, relativistica e quantistica che si voglia) che si rifanno a modelli teorici, il fenomeno del galleggiamento-affondamento, di cui al presente studio, si riferisce proprio all'osservazione di un fenomeno naturale di una parte della *natura-universo*.

In modo analogo tutte le posizioni-condizioni di galleggiamento (ad esempio la previsioni di una specifica percentuale di volume in acqua rispetto al volume totale del corpo stesso) e di affondamento (ad esempio la previsioni di una specifica percentuale di peso apparente sul fondo dell'acqua rispetto al peso totale del corpo stesso) vanno inquadrate con la stessa logica.

Esse sono tutte posizioni-condizioni di equilibrio stabile che costituiscono quella e solo quella tra le infinite (3+3+1=7 ordini) posizioni-condizioni possibili.

**Repetita IUVANT**

Questi esperimenti (con l'uovo, il tappo e la bottiglietta di plastica) mostrano che vige il principio *come in cielo così in acqua*.

Ci sono *infinite (sette ordini) posizione di equilibrio stabile in cielo*.

Ci sono *infinite (sette ordini) posizione di equilibrio stabile in acqua*.

Queste e tutte le altre posizioni sono di equilibrio stabile nel presente, dinamiche nel divenire.

Richiamando il mio precedente lavoro, non esiste la quiete assoluta.

Esiste la quiete relativa: *essa, coscientemente, va considerata in visione approssimativa.*

## 6.4 Applicazioni tecniche

### 6.4.1 Incaglio

Come già in precedenza illustrato, l'incaglio si verifica per un naviglio che si trova ad essere in acque meno profonde dell'immersione del corpo galleggiante stesso: il disincaglio si può ottenere anche con il solo spostamento di pesi.

Lo spostamento di pesi, considerando ora l'effetto forma, è da intendersi (quindi da potersi utilizzare) anche in senso verticale ottenibile in due modi:

1 – l'innalzamento vero e proprio di carico;
2 – cambiare la posizione del carico che si sviluppa principalmente in direzione orizzontale per disporlo in posizione verticale.

Senza per questo voler realizzare un brevetto, un altro modo per utilizzare l'effetto forma ai fini del disincaglio può essere la dotazione per l'uso di palloni gonfiabili con gas più leggero dell'aria che, quando gonfiati, per la maggiore spinta di Archimede in aria rendono meno pesante la nave, diminuendone così il suo pescaggio.

### 6.4.2 Laboratorio

Il mutare della posizione (galleggiante, sospeso, affondato) di un corpo in acqua (o qualsiasi altro liquido) a causa di impercettibili variazioni (sia per parametri del corpo che del liquido considerati), consente di determinare importanti risultati nel campo di studi in laboratorio, quali ad esempio:
1 – campo industriale nel controllo di materiali;

2 – campo farmaceutico per l'accurato dosaggio dei componenti;

3 – campo dell'ingegneria biomedica per il controllo di macchinari.

# Capitolo VII    Scoperta

## La Verità è senza peso, emerge sempre

### 7.1 Storiografia

Oggi l'unità di misura è il chilogrammo massa (Kg); esso è definito come la massa di un particolare cilindro equilatero (retto) di altezza e diametro pari a 0,039 m (3,9 cm) di una lega di platino-iridio depositato presso l'Ufficio internazionale dei pesi e delle misure a Sèvres, in Francia, chiamato anche prototipo internazionale.

Originariamente era il grammo che entrò a far parte del sistema metrico francese il 1 agosto 1793, definito come la massa di un centimetro cubo ($10^{-6}$ $m^3$) di acqua alla temperatura di 3,98 °C a pressione atmosferica standard Successivamente, il 7 aprile 1795 fa la sua comparsa il chilogrammo, come suo multiplo (1 kg = 1.000 g).

Dopo, nel 1875 entrò in vigore la definizione ancora oggi vigente.

Come si può ben vedere, per la definizione dell'unità di misura della massa, sin dall'origine (1793), l'effetto forma non è stato valutato.

Infatti, non è stato considerato il volume di un cubo di lato 1 cm per il quale, ovviamente, si ha un volume di 1 $cm^3$, ma il volume di 1 $cm^3$ di qualsiasi forma. Nel tempo, comunemente è stato associato il chilogrammo a 1 litro d'acqua (misura della capacità in qualsiasi forma): ciò sempre a conferma della non considerazione dell'effetto forma.

Con l'introduzione del prototipo internazionale, con la confusione ingenerata per l'uso improprio del chilogrammo sia come massa ( Kg massa) che come peso (Kg peso), unitamente all'errata convinzione di misurare la massa, quando invece si misura il peso, nonché l'uso di campioni per la pesiera che non sono cilindri equilateri, ancora una volta è confermato che l'effetto forma non è tenuto in considerazione.

7.2 Etimologia

Scoprire deriva dal latino *Dis-coprire*.

La particella *Dis*, come sappiamo, indica allontanamento o senso contrario; coprire sta per nascondere.

Nel caso specifico del mio percorso maieutico, arricchito anche con gli esperimenti eseguiti, non ho portato alla luce nulla che fosse nascosto o coperto.
Ho trovato, ho scoperto quello che già pur se osservato, non era veduto.

*Ho Scoperto* quello che già risplendeva formulando *Una Legge Fisica*.

La Legge Fisica è la seguente:

***In tutti i fenomeni naturali che si osservano, in tutti gli esperimenti che si eseguono, in presenza dell'attrazione gravitazionale universale, necessita considerare la forma dei corpi solidi.***

# Conclusioni

## Paradosso di Zenone: il mio pensiero
## All'Uomo non è dato dividere infinite volte il finito

Il principio di Archimede, così come oggi comunemente riportato, "Un corpo immerso in un liquido o in un aeriforme riceve una spinta diretta dal basso verso l'alto uguale al peso del volume del liquido o aeriforme spostato", per non aver considerato l'effetto forma, non è corretto.

Per me la formulazione corretta, dovendo necessariamente considerare l'effetto forma è:

"Un corpo immerso in un liquido o in un aeriforme riceve una spinta diretta dal basso verso l'alto uguale al peso del liquido o aeriforme spostato, avente quella stessa forma del corpo, calcolato nella posizione occupata dal corpo stesso".

*L'effetto forma va considerato sia per determinare il peso del corpo che il valore della spinta di Archimede.*

Richiamando il mio precedente lavoro, ad oggi, non essendo considerato l'effetto forma, la misura della massa dei corpi è gravata da due errori:

a) - si pensa di misurare la massa (che non deve variare), ma invece si misura il peso (che deve variare);

b) - si esegue una misura che ha in se un errore sistematico, quello di non aver considerato l'influenza della posa di appoggio che costituisce l'effetto forma; inoltre, per lo stesso motivo, i campioni standard delle pesiere sono stati realizzati con lo stesso errore (la loro forma non è né sferica, né cilindrica equilatera e né cubica, ma cilindrica allungata con protuberanza verticale per la presa).

Considerando i tre stati della materia, solido, liquido e aeriforme, per tener conto di tutto quanto evidenziato, per la determinazione del peso specifico (peso dell'unità di volume) e della densità (massa dell'unità di volume), opererei nel seguente modo:
a) determinazione del peso specifico e della densità in condizioni standard da definire (per esempio sulla superficie terrestre in forma cubica);
b) introduzione del coefficiente di forma relativo a quello standard;
c) coefficiente di posizione che delle quattro coordinate generali dello spazio tempo ordinario (latitudine, longitudine, altitudine e tempo) per non appesantire lo studio potrebbe benissimo considerare solo l'altitudine;
d) per essere la massa di un corpo la quantità di materia che lo costituisce, allora il volume unitario di tale corpo, che fa un tutt'uno con la sua forma, concepito e visto come infinitesimale, costituisce un *infinitesimale volumico formico* che è uno degli infiniti infinitesimali; esso pertanto non è un differenziale esatto.

L'approssimazione di densità costante per i corpi allo stato solido può accettarsi.

La densità variabile degli aeriformi in relazione all'altezza dalla superficie terrestre (pressione atmosferica) è una prassi ordinaria consolidata.

Ritenere la densità dei liquidi costante, perché definiti incomprimibili, non considerare le variazioni del loro comportamento al mutare della pressione a cui loro sono sottoposti, è una approssimazione lontana dalla realtà. Questo specialmente se dobbiamo calcolare il peso dei corpi e la relativa spinta di Archimede nelle profondità oceaniche o in recipienti contenenti liquidi ad alta pressione.
Per rendere ancora più evidenti questi concetti propongo questo esperimento.

*1° fase Contenitore a cielo aperto*

Considero un contenitore contenente un liquido (ad esempio acqua) nel quale viene immerso un corpo il cui peso è tale che esso resta sospeso in acqua ad una certa profondità.

*2° fase Contenitore con copertura mobile ermetica*

Allo stesso contenitore di cui alla fase 1°, con il corpo sospeso in acqua a quella profondità, assicurandoci che non ci sia cuscinetto d'aria, montiamo una copertura mobile ermetica, mediante la quale possiamo esercitare uniformemente sulla sua superficie una pressione crescente.

Per essere le condizioni della fase 2° diverse da quello della fase 1°, mi chiedo quale possa essere la nuova posizione del corpo.

Considerando l'incremento di pressione equivalente ad un corrispondente aumento totale di altezza di colonna d'acqua, allora, il corpo dovrebbe salire similmente per portarsi alla nuova altezza rispetto alla superficie di contatto con la copertura ove dovrebbero manifestarsi le stesse condizioni di equilibrio che ci sono nella fase 1°.

Considerare questo solo aspetto, però, è insufficiente; di sicuro interagiscono altri fattori, quali almeno:
la deformabilità e la disomogeneità del corpo immerso;
la deformabilità e la disomogeneità del contenitore.

Sono necessari, pertanto, studi specifici di laboratorio, nonché l'uso di appropriati algoritmi matematici per descrivere lo stato dei corpi galleggianti con la necessaria maggiore precisione.

A riprova di ciò basti pensare che nell'ipotesi di un chilogrammo massa di una data sostanza in forma di cilindro equilatero che dovesse essere nelle condizioni di equilibrio a pelo libero d'acqua, allora un chilogrammo massa di quella stessa sostanza in forma sferica sicuramente galleggerà. Invece, un chilogrammo massa sempre di quella stessa sostanza ma in forma cubica, sicuramente, affonderà o, se la profondità del liquido nel contenitore è sufficiente da consentirlo, potrà essere in una ed una sola delle infinite posizioni di equilibrio intermedio.

In visione approssimativa, tutte le posizioni che un corpo libero può assumere sulla terra (sospeso in aria – aeriforme; sulla superficie terrestre; sul pelo libero dell'acqua – liquido; galleggiamento in acqua – liquido; sospeso in acqua – liquido; sul fondo sia per parziale affondamento che per affondamento) sono di equilibrio stabile nell'istante considerato (visione statica: forza peso equilibrata, a seconda delle circostanze, da una o da entrambe le spinte di Archimede), ma nel divenire in moto (visione dinamica: forza peso non equilibrata, a seconda delle circostanze, da una o da entrambe le spinte di Archimede) tendente verso il basso se prevale la forza peso, tendente verso l'altro se prevale, a seconda delle circostanze, una o entrambe le spinte di Archimede.

Pertanto il caso limite in acqua – liquido, tendente, della prima posizione di equilibrio stabile va studiato accuratamente, perché con il divenire, bastano impercettibili variazione sia del peso del corpo, che delle proprietà dell'acqua – liquido, per passare a galleggiamento o affondamento.
Gli attuali errori di cui sono insite le misurazioni delle masse dei corpi (pesature) con le relative densità e del calcolo della spinta di Archimede, in ognuna delle particolari posizioni in cui si viene a trovare il corpo immerso in un liquido o in un aeriforme, *reclamano a voce alta priorità rispetto ad altri obiettivi.*

Questo è, ulteriormente, il mio contributo.
Splendida "maieutica".

**Dialoghi**

Archimede … si Tartaglia … Archimede … si Hodierna.

Hai saputo delle ulteriori riflessioni di Odisseo?

Lo so e lo vedo! … Ebbene?

Ma come Archimede? Noi ci siamo impegnati in tante nuove proposizioni, di fatto, senza nulla aggiungere alle tue. Odisseo, invece, con lo studio della forma dei corpi solidi, nel suo precedente lavoro ha mostrato la non vigenza del principio di Galileo sulla caduta libera dei gravi e confutato la teoria della relatività generale di Albert, ora, prima vanifica anche le nostre proposizioni, dopo corregge e integra i tuoi studi sul principio dei corpi galleggianti. Ma come è possibile che con la sola maieutica, ancora una volta, Odisseo arricchisca così la Conoscenza?

Tartaglia, Hodierna, *natura docet*, la sperimentazione tanto decantata dalla Scienza Moderna c'è sempre stata ed è importante, però, fondamentale resta l'Arte di Socrate. E, …, non scordiamoci i tanti esperimenti mentali: Galileo prima …, Albert dopo.

Archimede, vediamo che sei sereno, nonostante dopo tanto tempo, più di due millenni, ora anche nei tuoi studi sul fenomeno del galleggiamento Odisseo ha detto la sua.

Tartaglia, … Hodierna, …Tutti siamo Odisseo.

… E' il Tempo che ci dà il Nome.

E, comunque, … sempre avanti. Bisogna perseverare nella ricerca della Verità.

**Si come ogni regno in sé diviso è disfatto, così ogni ingegno diviso in diversi studi si confonde e indebolisce.**

Perché Ambienti Scientifici chiamano il moto, dinamico, orbitante dei pianeti attorno al sole caduta libera?

Perché Ambienti Scientifici chiamano il moto, dinamico, orbitante della luna attorno alla terra caduta libera?

Perché Ambienti Scientifici chiamano il moto, dinamico, orbitante dei satelliti artificiali attorno alla terra caduta libera?

I satelliti artificiali orbitanti attorno alla terra sono manovrati dall'uomo; fino a quando c'è propellente non cadranno: essi non sono liberi!

Perché Ambienti Scientifici dicono che il principio di Galilei ha validità universale, quando proprio per la sovrapposizione degli effetti (mutua attrazione reciproca) nei secoli scorsi è stato possibile la scoperta di nuovi pianeti; ciò a riprova che ogni corpo celeste del sistema solare è attirato dal sole in modo diverso, pervenendo ciascuno alla propria accelerazione? Dove sono i due corpi di massa diversa, equidistanti dal sole che sono soggetti alla stessa accelerazione di gravità?

Perché Ambienti Scientifici definendo coalescenza la fusione di due stelle ai neutrini dicono che le due stelle ruotano l'una attorno all'altra, *moto questo che è impossibile*, quando, invece, il moto reale è rotazione delle due stelle attorno al loro centro di massa (fusione che avverrà proprio in questo centro di massa), riportato anche da testi universitari e specialistici?

Perché Ambienti Scientifici definendo coalescenza la fusione di due buchi neri dicono che i due buchi neri ruotano l'uno attorno all'altro, *moto questo che è impossibile*, quando, invece, il moto reale è rotazione dei due buchi neri attorno al loro centro di massa (fusione che avverrà proprio in questo centro di massa), riportato anche da testi universitari e specialistici? Se il buco nero, proprio per essere tale, inghiotte materia con intensità tale che neanche la luce può sfuggire, come è possibile che addirittura due buchi neri vanno verso un punto (il loro centro di massa) ove non c'è materia?

Tale descrizione è in evidente *contrasto maieutico* con la teoria della relatività generale di Einstein, secondo la quale la materia deforma lo spazio-tempo il quale imporrà ad altri corpi come muoversi.

Per la teoria della relatività generale di Albert, la materia non può andare dove non c'è materia!

*E' evidente che la coalescenza di due qualsiasi corpi celesti, proprio perché la fusione sarà nel loro centro di massa, ove non c'è materia, non può spiegarsi secondo la teoria della relatività generale di Einstein, invece, coerentemente si spiega con l'attrazione gravitazionale dei due corpi stessi.*

Perché tutta questa contraddizione?

Tutti possono capire tutto. …
Tutti possono parlare di tutto.
… Cui prodest? … Cui prodest!
… E' fondamentale il contributo di tutti!

Repetita IUVANT

Per Gandhi la risoluzione dei problemi non era il fine ma il mezzo per poter migliorare gli uomini.
In coscienza, tendiamo a migliorarci e a renderci liberi per controllare il disordine.

**Repetita IUVANT**

Un grazie a Salvatore Colombo con il quale, non causalmente, ho iniziato la mia evoluzione.
Grazie a mio nipote Mauro Scala che è stato il porto di riferimento e di sicurezza per il mio lavoro.
Grazie a mio figlio Pietro che ha redatto i disegni.

Grazie a Carmelo Vindigni.

Alla memoria di Henri Bergson.